我们一起探索蜜蜂的奇妙世界吧！

万物故蒙®
CHINA SPIRITUAL HOMELAND
主 编 钱 锋

蜜蜂

本册主编　杨根法　毛园丽

山东城市出版传媒集团·济南出版社

让教育返璞归真，让孩子智慧生长

看到杨根法、毛园丽主编的《万物启蒙 蜜蜂》的书稿，我感慨良多。这本书使我看到了让教育返璞归真、让孩子智慧生长的希望。

"世事洞明皆学问，人情练达即文章。"中国的教育自古就有敬重万物、得法自然的传统。即便是在八股文等僵化的应试科举的背景之下，教学也并不是铁板一块，全都食古不化。许多先生也会在孩子的童蒙期，先让其大量识记经典，而后在其学之余，带着孩童活动，踏青、劳作，走进自然，融入生活。山川河流、草木虫鱼，世间万物皆是教材；玩耍劳作、静思放纵，一切生活均是课程。

"致知在格物，物格而后知至。"这本贴近儿童的《万物启蒙 蜜蜂》，就是江山实验小学课程建构者的匠心与智慧的结晶。以浙江江山——"中国蜜蜂之乡"这一得天独厚的自然与文化环境作为课程开放的基础，并从自然、功用、文化三个板块展开。这综合统整的课程不是单一学科可以完成的，各科教师友好合作，方可学科统整，成就适合学生的全科教学。该书通过"蜜蜂"这种神奇的精灵，引导孩子去认识蜜蜂的本来状态，了解人类与之的关系，感悟自然的法则，提炼自然给予我们人类的精神营养。

信息化的时代，人们可以借助互联网、现代技术在虚拟世界选择知识，但脚下滋养我们生命的土壤、给予生存启蒙的万物、丰富的现实生活永远是教育的根基。当下真实五彩的生活，是立德树人、发展现代教育、维系中华文明的生存之道。"万物启蒙 蜜蜂"课程的开发与建设，是一群现代教育者对现实教育的清醒认识，是回归教育本质的大胆探索。我看到了当下贴近儿童，遵循教育规律的新的曙光与希望。

"穷究事物道理，致使知性通达至极。"纵观"万物启蒙 蜜蜂"课程的编排及活动设计，我们不难发现课程建构者的教育理念与方法。我赞成列昂捷夫的论断："人的主体性的发展是以活动为中介的，是通过内隐与外显活动的无数次交替而逐步形成、发展和完善的。活动是人的主体性的生成和发展机制，也就是说，人的主体性是活动生成，活动赋予，并在活动中发展的。"苏联教育家巴拉诺夫更是断言"活动之外不存在发展"。

对小学生有效的教育教学应当在活动中进行。"万物启蒙 蜜蜂"课程的"养育、观察、吟唱、绘画"等形式多样的课程活动的实施，让学生饶有兴味地走进自然，在生活中学习。这贴近儿童认知规律的学习活动，应当会促发学生自主、积极的活动，让孩子在自然中去观察，去实践，去体验，去感悟，倡导与实施了自主探究、实践体验的教学方式。

蜜蜂虽然只是世间万物之一，但探究活动带给孩子的将不仅仅是对蜜蜂的认识与感悟，更有认识自然的方法，感悟生活的途径，得法自然的智慧。

"万物得其本者生，百事得其道者成。""万物启蒙 蜜蜂"课程思路清晰，架构完整，理念鲜明，目标明确。建构这样一个课程，从选题、论证、学习、设计、实践、改进等过程，对其建构者本身来讲，其实也是一个认识自然、重塑认知的过程，历练、磨合、成长的过程。将万物纳入课程，引入课堂，不仅是对师生以物为阶、以人为本、以道为源的方法上的启蒙，也是让师生知晓"知识从哪里来，将要到哪里去"，进行物与物、物与器、物与道的智慧生活的启蒙。

《万物启蒙 蜜蜂》不日即由济南出版社付印成书，我最希望出书后编者们不忘初心，将课程改革的理想，通过各科老师的友好合作，依助于小学生们真实、有情趣、充满自主交往的活动，把统整融合的课程改革计划付诸实践。这大概是让骨感的现实，变得丰满美好的最重要的工作吧！

努力吧！万一梦想成真呢？

张化万

2019 年 7 月于三宝斋

目录

蜜蜂的文化意蕴

什么是蜜蜂?

蜜蜂,是一种可爱的小昆虫,在繁花盛开的时节,我们经常见到它们忙碌的身影。

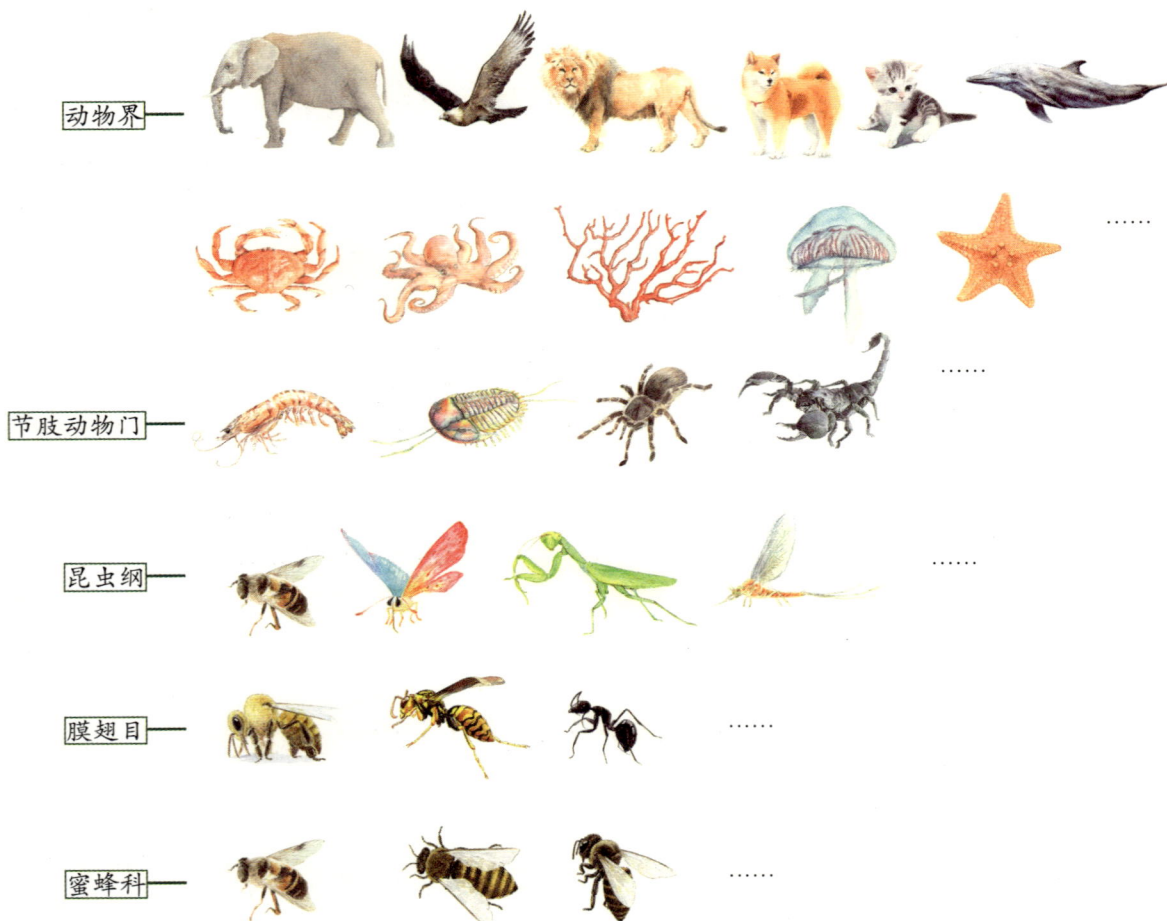

| 动物界 |
| 节肢动物门 |
| 昆虫纲 |
| 膜翅目 |
| 蜜蜂科 |

蜜蜂的动物界分类

蜜蜂,大多呈黄黑色,前翅比后翅大,体表有很密的绒毛。根据分工不同,蜂群中的蜜蜂可分为三类:蜂王、雄蜂和工蜂。雄蜂触角较长,蜂王和工蜂有螫针,可用于自卫。蜜蜂们大多成群居住,雄蜂和蜂王负责繁衍后代,工蜂负责采花粉酿蜜等,还可以帮助某些植物传粉。

蜜蜂的住所是什么样的？

蜜蜂是怎样采蜜的？

什么是蜜蜂？

蜂巢结构应用于建筑方面有哪些优势？

养蜂可以给人们带来哪些有价值的产品？

蜜蜂能用来做什么？

为什么人们常说蜜蜂是勤劳的昆虫？

有哪些名人和蜜蜂的故事与传说？

关于蜜蜂，你心中还有哪些疑问？打开思路，把它们写下来吧！

蜜蜂到底长什么样?

　　蜜蜂身形小巧,体长几毫米至几十毫米。头部为下口式,有嚼吸式口器;头与胸几乎同宽;触角膝状;单眼 3 个,位于颅顶,一般呈三角形排列;复眼大,位于头两侧。前胸不发达,仅两侧角向后延伸;有两对膜翅,前翅大,后翅小,前后翅以翅钩相连;腹部近椭圆形,可见节。体密被绒毛,色泽各异,或呈由绒毛组成的毛带;足或腹部腹板有由发达的毛组成的采粉器官,少数类群体光滑,毛极稀少,或具金属光泽,或具鲜艳的斑纹。

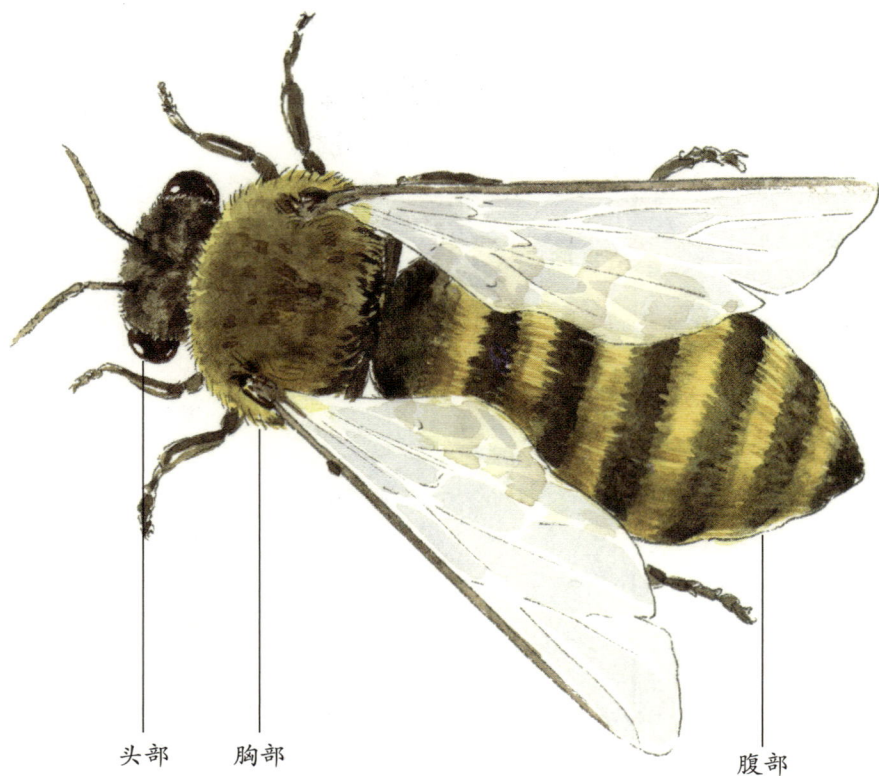

头部　　胸部　　　　　　　　　　　腹部

蜜囊

毒囊

螯针

触角

咽部

口器

前足

中足

后足

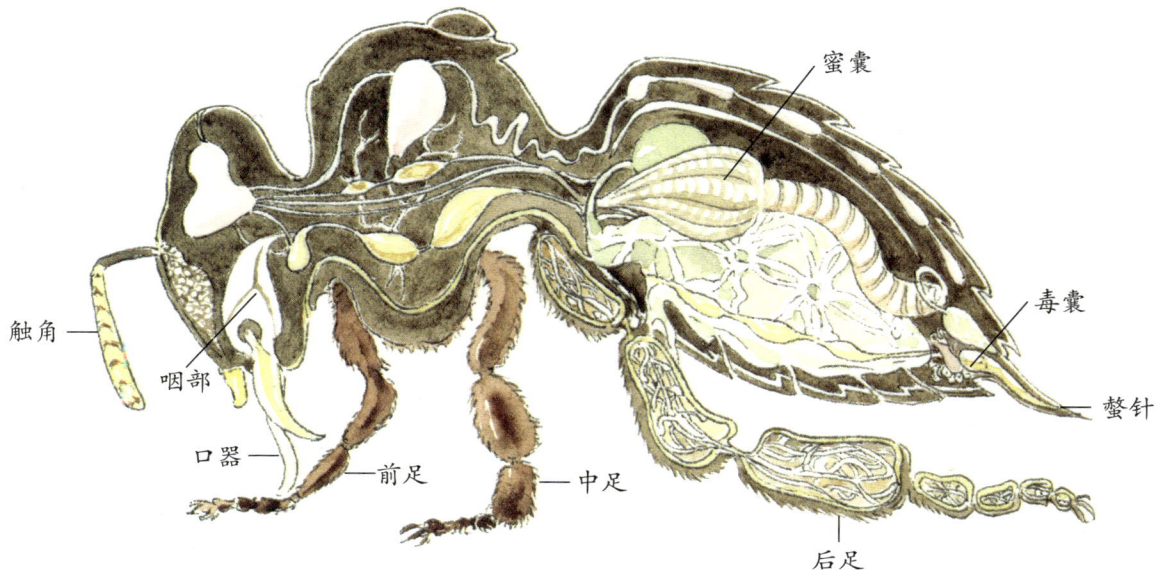

工蜂身体结构示意图

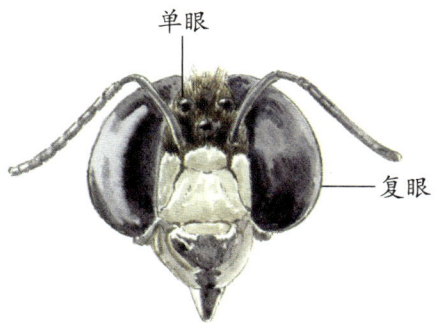

单眼

复眼

蜜蜂的复眼由上千个小眼排列组成，每个小眼由9个视细胞组成，仿佛是一个小型偏振光分析器。紫外线能产生我们人类看不到的偏振，因此，利用日光的偏振现象，蜜蜂能够确定太阳的方位，找到花蜜和返回蜂巢的路。

蜜蜂的触角非常灵敏，可以感受温度和湿度、搜索各种气味、与同类相互接触以交流信息等。因此，采蜜蜂可以准确地找到蜜源。

蜜蜂分布在哪里？

中华蜜蜂分布

生活在我国的蜜蜂主要有六个蜂种，即大蜜蜂、黑大蜜蜂、小蜜蜂、黑小蜜蜂、东方蜜蜂和西方蜜蜂。其中，前四个为野生蜂种，在我国海南、广西和云南省（区）多有分布；后两种又包括许多亚种，它们多为自然品种。

东方蜜蜂多分布于南亚及东亚，主要有中华蜜蜂、印度蜜蜂、日本蜜蜂三个亚种。其中，中华蜜蜂又称中华蜂、中蜂、土蜂，属中国独有蜜蜂品种，是以杂木树为主的森林群落及传统农业的主要传粉昆虫。

外形

中华蜜蜂工蜂腹部颜色因生长地区不同而有差异，有的较黄，有的偏黑；吻长平均5毫米。蜂王有两种体色：一种腹节有明显的褐黄环，整个腹部呈暗褐色；另一种的腹节无明显褐黄环，整个腹部呈黑色。雄蜂一般为黑色。我国南方地区的蜂种一般比北方的小，工蜂体长10～13毫米，雄蜂体长11～13.5毫米，蜂王体长13～16毫米。

习性

中华蜜蜂飞行敏捷，嗅觉灵敏，出巢早，归巢迟，善于利用零星蜜源。它们造脾能力强，喜欢新脾。抗蜂螨和美洲幼虫腐臭病能力强，但容易感染中蜂囊状幼虫病，易受蜡螟危害。喜欢迁飞，在缺蜜或受病敌害威胁时特别容易弃巢迁居，易发生自然分蜂和盗蜂现象。不采树胶，分泌蜂王浆的能力较差，蜂王日产卵量比西方蜜蜂少，群势小。

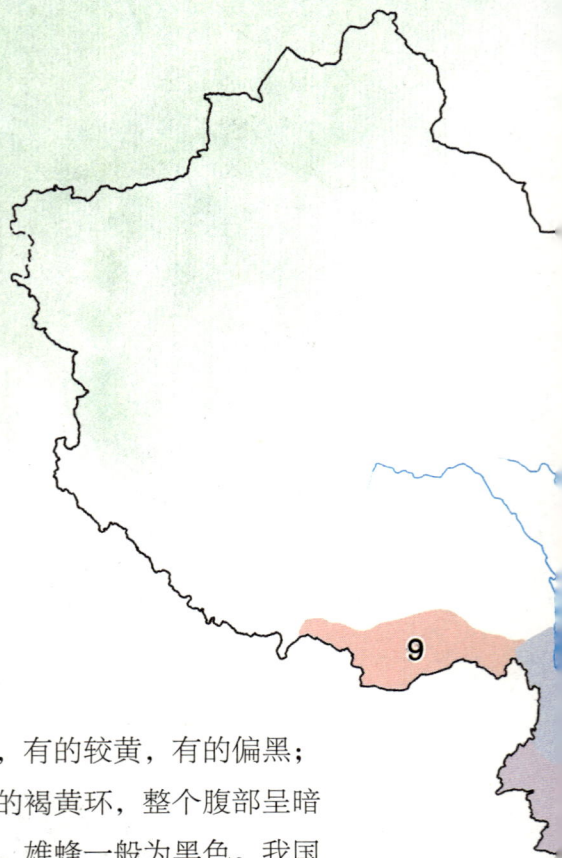

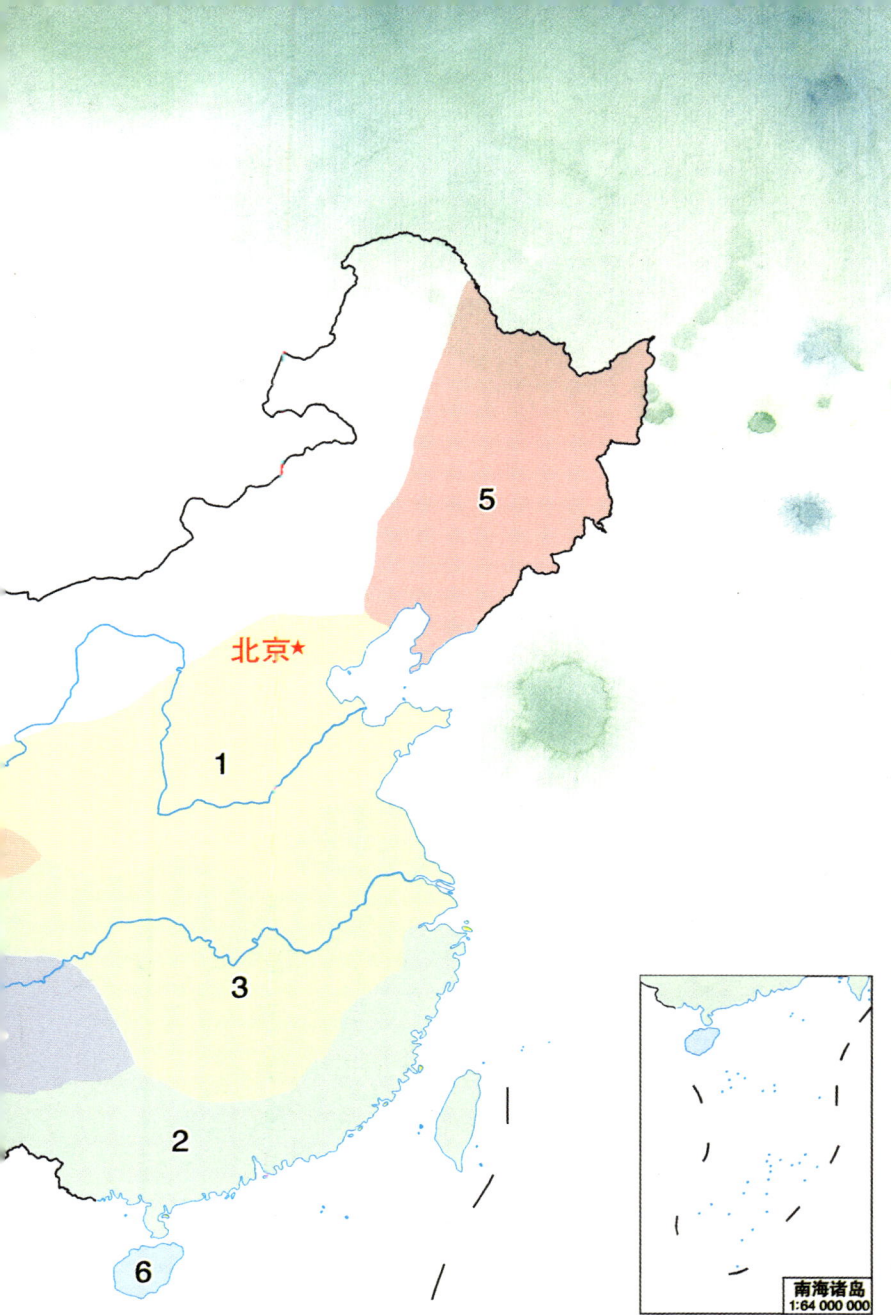

中华蜜蜂分布图

1. 北方中蜂　2. 华南中蜂　3. 华中中蜂

4. 云贵高原中蜂　5. 长白山中蜂　6. 海南中蜂

7. 阿坝中蜂　8. 滇南中蜂　9. 西藏中蜂

从这幅中华蜜蜂分布图中，你发现了什么？

中国蜜蜂之乡

江山市位于浙闽赣三省交界处，区域总面积 2019 平方千米，是浙江省西南门户和钱江源头之一。江山蜂业规模与经济效益已经连续 26 年位居全国各县（市）第一，2001 年被农业部授予"中国蜜蜂之乡"称号。

蜜蜂的生存环境

蜜蜂的生活习性跟周边环境有着密切的关系。对蜜蜂而言，最重要的是周边要有足够的蜜源植物分布。其次，它们对气候环境也有一定的要求，通常蜜蜂在气温 15 摄氏度以上的晴天才会外出采蜜，如果蜜蜂所处地区气温过低，空气污染严重，就会严重影响蜜蜂的生存和繁衍。

查一查江山市的地理、自然环境以及蜜蜂产业在当地的发展等资料，找出江山成为"中国蜜蜂之乡"的秘密所在吧！

西方蜜蜂分布

　　西方蜜蜂是目前世界各地最常见的蜂种之一。西方蜜蜂起源于欧洲、非洲和亚洲中东地区，后由于欧洲移民和商业交往，逐渐遍布世界各地。目前，西方蜜蜂已成为世界各国蜂农主要饲养的蜂种。

你能在地图上标出这些蜜蜂的家乡吗？

西方蜜蜂的主要亚种

意大利蜜蜂

意大利蜜蜂原产于地中海中部的亚平宁半岛，是我国蜂农饲养的主要蜜蜂品种之一。它繁殖力强、产蜜量高，很受蜂农欢迎。

卡尼鄂拉蜂

卡尼鄂拉蜂原产于巴尔干半岛北部的多瑙河流域，是世界四大优良蜂种之一。

高加索蜜蜂

原产于高加索山区的中部高原，其个体大小、体形与卡尼鄂拉蜂相似。

欧洲黑蜂

欧洲黑蜂是西方蜜蜂的一个亚种，原产于西欧至东欧的北部，为世界四大养殖品种之一，早期随着欧洲移民活动分布至全世界。经过杂交后的欧洲黑蜂性情凶暴，在原产地已渐渐被淘汰，如今纯种的欧洲黑蜂几乎灭绝。

突尼斯蜜蜂

突尼斯蜜蜂主要分布在撒哈拉沙漠以北从利比亚到摩洛哥的大西洋沿岸。其体形比较宽大，周身呈黑色，腹部覆盖着稀疏的中等长度的毛。

东非蜜蜂

东非蜜蜂又名黄色非洲蜂，个体较小，腹部第一到二节有明显的黄色环带，主要分布于津巴布韦、博茨瓦纳、巴西等地。常常在啄木鸟废弃的巢穴中安家。有较强飞迁性和分蜂性，是一种性情凶暴的蜜蜂。

安纳托利亚蜂

安纳托利亚蜂属黑色蜂种，原产于土耳其中部安纳托利亚高原。它们既能利用大宗蜜源又善利用零星蜜源，采蜜和采胶力强，但具有爱螫人、易患麻痹病和孢子虫病等缺点。该蜂种是很好的育种蜂种，与意蜂、卡蜂杂交后可获高产杂交后代。

图　例

●	首都
—┼—┼—	洲界
——未定——	国界
— — —	地区界
⋯⋯⋯⋯	军事分界线

1：130 000 000

蜜蜂家族里是怎么分工的？

蜜蜂是群居动物，它们和蚂蚁一样，通常是整个家族热热闹闹地居住在一起。冬季的一个蜂群大约有 2000 只蜜蜂，到了食物充足的春季和夏初，蜂群中的蜜蜂数量会增加到 2000～3000 只，大蜂群的蜜蜂数量可达 7000～8000 只。

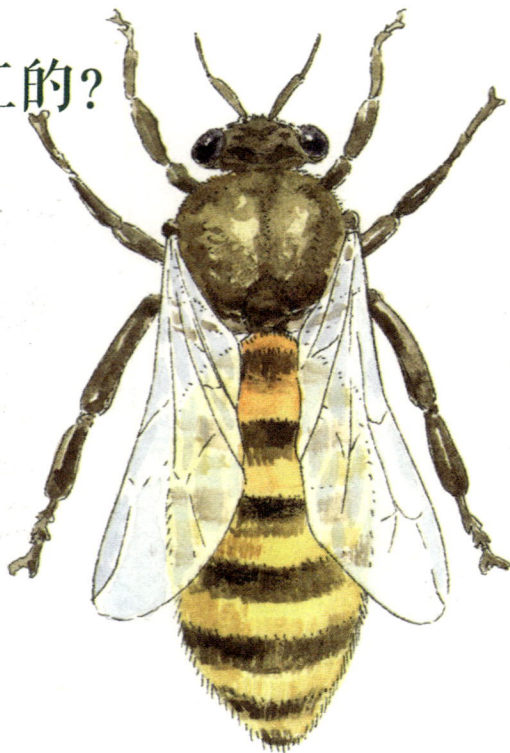

蜂王

蜂群中的蜜蜂可分为三类：蜂王、雄蜂、工蜂。它们分工不同，各司其职。

蜂王

蜂王能分泌信息素，使蜂群中所有的蜜蜂团结在它周围，并能将信息传递给全体工蜂，影响整群工蜂的活动。蜂王平时主要的职责是产卵，让自己的王国"蜂丁"兴旺。

雄蜂

雄蜂不会采蜜、酿蜜，它们甚至连自己进食都不会，需要工蜂喂养。其作用是与蜂王交配，为家族传宗接代。但是，一个蜂巢内，绝大多数的雄蜂一生都没有机会与蜂王交配。在蜜源充足的季节，工蜂会不厌其烦地供养着所有的雄蜂；碰上蜜源稀少的时期，"游手好闲"的雄蜂就会被逐出巢外，饥寒交迫而死。

雄蜂

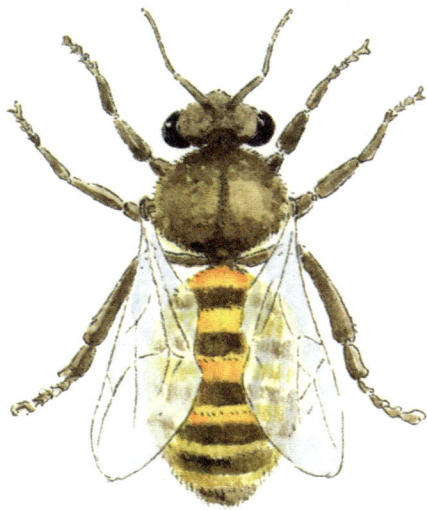

工蜂

工蜂

工蜂从蜂房里孵化出来以后，前6天主要负责清理蜂巢、喂养幼蜂。再过几天，它们便开始负责服侍蜂王及酿蜜。大约在工蜂出生18天以后，它们就能够飞出蜂巢，采集花蜜了。在工蜂生命的最后阶段，它们则要负责寻找水源和蜜源等。

你还知道哪些昆虫像蜜蜂这样，在种群内部有着明确的分工？

胡蜂

胡蜂也是蜂家族中的一员，属捕食性蜂类。胡蜂广泛分布于世界各地，约有1.5万种，目前人类已知的胡蜂约有5000种以上；我国境内发现的有记载的胡蜂约200种。较为常见的品种有中国大胡蜂、黑尾胡蜂、黄腰胡蜂等。

胡蜂体形比蜜蜂大，体长约为蜜蜂的2~5倍。蜜蜂体表为黄褐色或黑褐色，生有密毛；而胡蜂体色较为艳丽，通常为鲜黄色，有黑黄相间的斑纹。胡蜂与蜜蜂的最大区别在于：蜜蜂以花粉和花蜜为食，胡蜂则会捕食一些小昆虫。

蚂蚁

蚂蚁家族和蜜蜂家族一样，始终维持着母系氏族的生活方式。蚂蚁通常在土中或树上筑巢群居。族群中蚁后、雄蚁、工蚁各有分工，有较强的社会性，它们会按分工把自己负责的任务圆满完成。

蜜蜂的家到底长什么样?

蜂群生活和繁殖后代的处所叫蜂巢,由巢脾构成。

蜂巢是如何建成的

蜜蜂蜂巢中的每张巢脾由数千个巢房联结在一起组成,是工蜂用腹部蜡腺分泌的蜂蜡修筑的。刚分泌出的蜂蜡是液态的,遇到空气后会凝固。蜂巢中的蜂房是从上到下垂直建造的,每个"房间"之间距离相同,位置平行。

在雄蜂房和工蜂房之间以及巢脾与巢框的连接处,设有不规则的过渡型巢房,用于贮存蜂蜜和加固巢脾。

培育蜂王用的巢房,称为王台,形状似倒挂的花生,是蜂群在分蜂前临时修筑的,多建在巢脾下部或边角上。

六边形的蜂房有什么优势

蜂巢是多个正六角柱状体蜂房的集合。相较于修建其他形状的蜂巢,六边形的蜂巢可使相邻蜂房共用同一个巢壁,在蜂房面积相同的情况下,最大限度地节省蜂蜡,且六边形的结构如同有机化学的苯环,具有较强的稳定性。

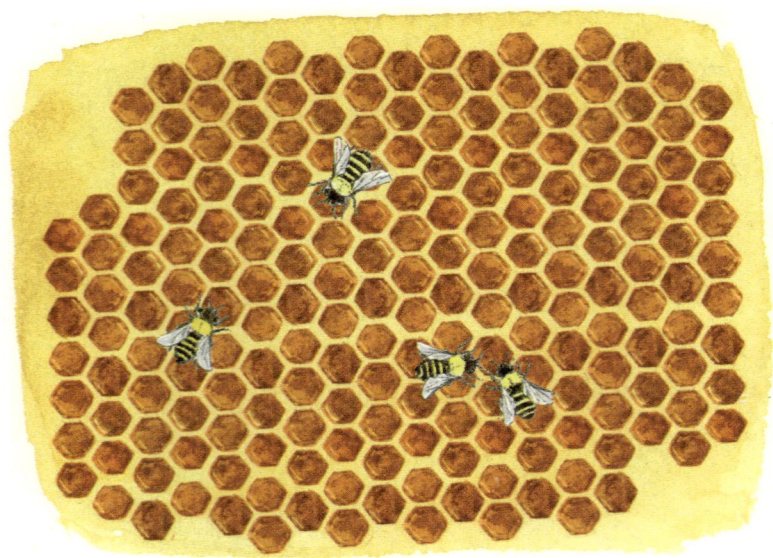

让我们在相同面积内分别画出这些几何图形：

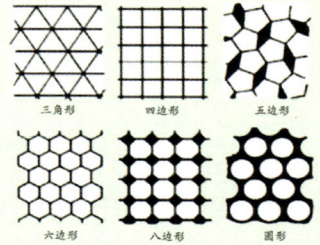

看一看，想一想，你发现了什么？

如果筑造圆形、五边形、八边形的巢房，巢房与巢房之间或多或少会留下不能利用的间隙，造成空间浪费，而且并不是所有的巢壁都能共享，势必造成建巢材料的浪费。建造三角形和四边形的巢房，虽然不存在这两种缺点，但在相同面积的几何图形中，三角形和四边形的边长要大于六边形的边长。

因此，六边形蜂巢是蜜蜂找到的最好和最节约的筑巢方式！

用相同长度的线分别围成八边形、六边形、三角形，试着计算一下，哪个图形的面积最大。根据计算结果，说一说你对蜂巢优缺点的看法。

19

蜜蜂家族如何繁育后代？

蜂王是蜂群中唯一具有生殖能力的雌蜂，它的腹部明显突出，具有发育完全的卵巢。年轻的蜂王发育成熟后，会在交配季节选择一个天气晴好的日子，飞出蜂巢，雄蜂们也会随蜂王飞出。蜂王越飞越高，雄蜂们争先恐后地追着它往上飞，不过，只有极少数飞得最快、最久且能追上蜂王的雄蜂才能与蜂王交配。之后，蜂王返回蜂巢进行它最主要的任务——产卵。

蜂王产卵的数量非常惊人，一昼夜可产卵 1500～2000 粒，所产受精卵发育成工蜂或新蜂王，未受精卵则发育成雄蜂。一颗蜂卵从开始发育到完全变成蜜蜂成虫，要经历四个阶段：卵期、幼虫期、蛹期、成虫期。

刚从卵中孵化的工蜂幼虫会被喂食流质食物，这种流质食物是由负责喂养工作的工蜂的咽喉腺分泌的。待它们长大些后，会被喂食花蜜和花粉的混合物，而蜂王幼虫则是以蜂王浆为食。经过大约 4 次蜕皮后，幼虫变成蛹，此时，负责照顾蜜蜂幼虫的工蜂会用蜂蜡将蜂房封好。再经过一段时间的生长发育，蜜蜂幼虫就能从蛹羽化为成年蜂了。

雄蜂与蜂王交配。

工蜂从卵发育为成蜂需要 21 天，在活动期，工蜂的寿命为 30 ~ 50 天，越冬期可达 4 ~ 5 个月；蜂王从卵发育为成蜂只需要 16 天，且寿命比较长，一般为 2 ~ 3 年；雄蜂从卵发育为成蜂需要 24 天，寿命可达 3 ~ 4 个月，不过因为雄蜂多夭折，所以其平均寿命仅 20 余天。

虽然一个蜂群每天有几百至一两千只成蜂死亡，但新生蜂的数量远超过死亡数，所以蜂群在繁殖季节增殖很快。越冬期蜂王停止产卵，工蜂不再外出，此时蜂群变小。工蜂围绕蜂王，形成球状，有助越冬保温。第二年春天到来时，小蜜蜂们便又开始活动了。

工蜂在特制的王台喂养新的蜂王幼虫。

蜜蜂会生病吗

当然会。微生物、营养、天气等因素的变化都会引起蜂病。其中，由微生物引起的蜂病会传染，由营养不足和天气变化引起的蜂病不会传染。

蜜蜂容易生什么病

蜜蜂在幼虫期和成虫期极易受到细菌和病毒的感染，引起幼虫腐臭病、囊状幼虫病、幼虫白垩病、成年蜜蜂螺原体病、成年蜜蜂麻痹病等。

蜜蜂饲料中，糖类、脂类、蛋白质、维生素、微量元素等缺乏或过量，都会使蜜蜂营养代谢紊乱进而发病，这些被称为蜜蜂营养病。

21

什么是分蜂？

春天，百花盛开，蜜蜂们不停地工作，蜂王也会增加产卵量。这时，蜂巢内的蜜蜂数量不断增加，当达到一定数量时，蜂群就会分蜂。

"侦察蜂"寻找新家

在分蜂之前，蜂群会先派出"侦察蜂"出巢寻找新的住处。树洞、墙洞都是它们理想的选择，当然人类准备好的现成蜂房也都不错。无论选择哪里，新家最好距离地面有一定高度且环境比较干燥，确保蚂蚁不会光顾，大小要适合未来分家时离群蜜蜂生活。

蜂群出发

分蜂时，老蜂王将离开原来的蜂巢。蜜蜂们被蜂王的气味吸引，会紧紧跟随在它的周围，密密麻麻地拥在一起，形成蜂团。

整个蜂团根据"侦察蜂"发出的信号飞向它们的新住所，有时一走就是好几千米。

建立新家

迁移到新的住所后，蜂群就立刻分头工作，大多数工蜂负责蜂巢的建造；部分工蜂负责打扫，封堵裂缝，给隔板上蜡……同时，在原来蜂巢中一些特殊的蜂房内，新的雌蜂正在慢慢发育成熟。第一只来到世上的雌蜂会杀死老蜂巢中的所有竞争者，成为新蜂王，接管这个家族。

蜜蜂为什么会跳不同的舞蹈?

采蜜前，负责"侦察"的工蜂会先去寻找蜜源。这些"侦察蜂"一旦发现了有利的采蜜地点或新的优质蜜源植物，它们就会飞回蜂巢跳上一支圆圈舞蹈或"8"字舞蹈来指出蜜源的所在地，并通过舞蹈的速度表示蜂巢到蜜源之间的距离，它们有时还会以附在身上的花粉的味道告知同伴蜜源的种类，通知大家一起去采蜜。

蜜源与蜂巢的距离和工蜂舞蹈动作的快慢有着直接关系。二者距离越近，工蜂的舞蹈转弯越急、动作越快；距离越远，舞蹈转弯越缓，动作越慢。蜜蜂的舞蹈动作，不仅能报告蜜源距巢远近，还能指示蜜源所在的方向。如跳舞时，蜜蜂头朝上，则是说："朝太阳的方向飞去，能找到花粉。"反之，则是报告："在背向太阳的地方可以找到食物。" 如果蜜源位于太阳所在方向的左或右侧的一定角度，蜜蜂也会偏离垂直方向而沿相应的角度做动作。

从蜂巢到蜜源的距离越远，"8"字舞的摇摆幅度越大。

试着模仿一下蜜蜂的舞姿，学一学蜜源在蜂巢不同方向时蜜蜂的舞蹈。

◎奥地利生物学家弗里施自1915年开始与其同事和学生对蜜蜂进行了50多年的试验研究，认为蜜蜂之所以能够有条不紊、迅速敏捷地采到花蜜，是因为它们可以通过舞蹈语言相互交流。蜜蜂可以用舞蹈方式告诉它的同伴食源的质量、距离和方位。这个研究还让弗里施在1973年获得了诺贝尔生理学或医学奖。

蜜蜂怎样发现花朵？

研究表明，蜜蜂采蜜时是通过视觉来分辨花朵的，但因为蜜蜂只能分辨出四种颜色——黄色、蓝色、蓝绿色以及人类肉眼捕捉不到的紫外线的颜色，所以蜜蜂采蜜时通常都会选择这几种颜色的花。其中，由于黄色较为明亮，所以黄色的花更受蜜蜂青睐。

除了颜色之外，花蜜的多少和花的气味也是吸引蜜蜂的重要因素。一般含苞待放或刚刚开放的花朵分泌的花粉和花蜜非常少，远远满足不了蜜蜂的需求，所以它们一般不会选择这样的花，而是会去寻找花蜜含量较高的花朵。

同时，蜜蜂是一种十分聪明的昆虫，它们有着极强的嗅探能力和记忆力。与其他昆虫相比，蜜蜂的嗅觉十分发达，能辨别出数百种不同的气味，并会根据气味对植物进行分类。当它嗅到一种花香时，这种气味便打开了它的导航记忆，会引领它前往花香所在的位置，所以花香越浓越容易吸引蜜蜂。

蜜蜂如何采食？

采集花蜜

大部分花朵都会分泌花蜜，蜜蜂会用长长的口器采集这些藏在花冠底部的花蜜。

蜜蜂将花蜜吸入蜜囊，在草木犀花期，蜜蜂吸满一蜜囊花蜜，约需 27～45 分钟。一只工蜂每次可采回 20～70 毫克花蜜，携蜜回巢后，每次在巢内停留约 4 分钟。一只蜜蜂一天采蜜最多达 24 次，一般 10 次左右。如果按酿造 1 千克槐花蜜计算，工蜂需要采访 150～200 万朵槐花。

采集花粉

蜜蜂身上的绒毛便于粘附花粉，当蜜蜂飞近花朵采粉时，花朵雄蕊上的花粉就会粘到它的身上。蜜蜂先把花粉润湿，再用前足、中足将头、胸腹所粘附的花粉逐步由前向后转送到花粉篮，将花粉堆积和固定成团状，并使两个花粉篮中的花粉团重量均衡一致，以便平衡飞行。以意大利蜜蜂为例，每次飞行可采集 300 朵花的花粉。

一只工蜂每次的采粉量为 12～29 毫克，约需采访梨花 80 余朵，或蒲公英花 100 余朵。

工蜂在出巢采蜜和采粉前，大约需先吃 2 毫克蜜，每飞行 1 千米，约消耗 0.5 毫克蜜，因此，每次出巢前食用的蜜能维持 4～5 千米的飞行距离。在开花植物中，不少种类的花粉和花蜜并不是同时并存。在花粉和花蜜兼有的花源上，蜜蜂单采花蜜和单采花粉的比例分别为 58% 和 25%，蜜粉兼采者占 17%。这种比例会随巢内育幼蜂时对粉、蜜的不同需求量以及蜜源植物的不同而有差异。

花的形态、颜色和气味对蜜蜂的引诱力

花的形态　　花形大小、花管长短和花冠形状等，对蜜蜂的引诱力不同。一般蜜粉喜欢采访花形较大、放射对称或左右对称的花。

花的颜色　　是吸引蜜蜂的重要因素之一。蜜蜂喜欢采访黄色和蓝色花，其次是紫色和白色花。

花的气味　　通常人们把花的气味分为香味和臭味两类，蜜蜂喜欢采访香味花，而一些蝇类和甲虫等，却嗜采访带臭味的花。花的香味作为蜜蜂寻觅蜜源的一种诱导信号，它的引诱力比花色更强大。

蜜源植物

供蜜蜂采集花蜜和花粉的植物，被称作蜜源植物。蜜源植物可能是树木，比如槐树，也可能是农作物，比如油菜。

花粉篮

由长长的硬毛围成，能保存花粉。有了它，蜜蜂就能顺利地收集并携带花粉了。

花粉篮

你身边的哪些植物可以作为蜜源植物呢？

蜜蜂都有哪些天敌？

　　人类不是唯一的蜂蜜美食家，有些动物也非常喜欢蜂蜜，比如狗熊、蜜獾等。另外，胡蜂也是蜜蜂的敌人。还有一些动物寻找蜂巢不仅是为了掠食，也是为了占据蜂窝，比如蚂蚁有时就会爬进蜂巢，过冬的老鼠也是如此。

　　有一种叫蜡螟的飞蛾，会将卵产在蜂窝内，等卵孵化成幼虫后便会以蜂蜡为食，这会给蜜蜂的巢脾带来极大的破坏，有时还会造成蜜蜂幼虫大量死亡。

　　蚂蚁有时会爬进蜂巢，搅乱蜜蜂的生活。

　　欧洲有一种鬼脸天蛾，它们会趁着夜色飞入蜂巢内，用它那短小尖锐的鼻子捅破小蜂房的盖子，吸食里面的蜂蜜。

　　过冬的老鼠有时也会占据蜂巢。

蜜獾很喜欢蜂蜜，因此被人们称作"蜂蜜猎食者"。

蜜蜂是一种温和的昆虫，只要人类不招惹它，它一般不会蜇人。因为，蜜蜂蜇人的同时，螫针会残留在人的皮肤中，无法拔出。蜜蜂也会因失去腹部与螫针相连的部分器官而死亡。

狗熊常常会去蜂窝偷蜜。

假如小蜜蜂会说话……

　　我是一只工蜂，出生第 1 天，我就开始了工作。这会儿我正在清扫蜂巢，用力地扫着，扫着。手好累好酸呀，要休息一下吗？不，得加油干，让我们的家园更舒适整洁！

　　出生的第 15 天，飞行已经是我的拿手本领了。可爱的小蜜蜂们，请你们也一起一边快速地扇动翅膀，一边心里默数，一分钟里，看自己能扇动多少次翅膀。

　　我出生的第 18 天，要外出采集花蜜啦！我和伙伴们来到了一片金灿灿的油菜花地，深深地吸一口气，哇，好香啊！我张开嘴用力地吸着花蜜，努力地吸，终于装满了蜜囊，于是，我们快乐地飞回了家。

　　我出生的第 20 天，我和伙伴们来到了一片非洲菊花丛中。我落到了花盘上，从外向内一层一层地采蜜。我将小管沿雄蕊底部插入，吸取花蜜，采完一朵再采一朵，动作十分轻盈。

我出生已有 24 天了，外出采集花粉和花蜜对我来说已经再熟悉不过了。我把花粉一点儿一点儿扫进腿上的花粉篮里，把花蜜吸进蜜囊，准备满载而归。我用力地扇动翅膀向蜂巢飞去，飞过小河，飞过田野……呼呼，起风了，下雨了，我的翅膀被打湿了，翅膀变得很重很重，但我依然咬着牙向蜂巢飞去，将花粉和花蜜轻轻地存放在蜂巢里。

　　我出生的第 30 天，对我们这个蜂种来说，我已经很老了，不能胜任采粉采蜜的工作了。作为"侦察蜂"，我的任务是出去寻找蜜源。瞧，距蜂箱 100 米以内，有一大片盛开的枣花，我要赶快回巢报信。我飞到了蜂巢上，交替性地向左或向右转着小圆圈，以"圆舞"的方式飞行。附近的花不多了，我又扩大了搜寻范围，终于在距蜂箱 300 米的地方，找到了不少荔枝花，我赶快飞回蜂巢，跳起了"8 字舞"。不一会儿，伙伴们接收到我的信号，大家一起快乐地去采蜜啦！

　　我出生的第 40 天，我又是天一亮就出发，一直来回不停地忙到太阳落山，可我现在很累了，飞不动了，我知道自己即将走到生命的尽头。为了不给其他工蜂增添麻烦，我选择就在这花丛中离开这个世界。我无力地趴在了地上，回顾自己这一生都在永不停歇地忙碌，于是，我无怨无悔地闭上了眼睛。

人类是如何养蜂的？

据文献记载，中国人养蜂已经有两千多年的历史了。人类利用和饲养蜜蜂经历了漫长的历史过程，大体可分为古代养蜂、活框蜂箱养蜂和现代养蜂三个阶段。

野生蜂利用时期

远古时代，蜂蜜是人类唯一的甜味剂。渔猎社会的游牧人时常采集野生蜂蜜和蜂蜡，并把它们用于日常生活和宗教仪式。

蜜蜂驯养时期

公元前 3000 年，古埃及人开始在尼罗河流域进行转地养蜂。

养蜂业普及时期

随着新大陆的开拓，人们把蜜蜂带到了美洲和大洋洲，使蜜蜂遍布全世界，养蜂技术在北美大陆首先取得了突破性发展。

活框蜂箱养蜂时期

17世纪后，人们开始制造方形、六角形或多层木板的蜂窝，让蜜蜂自己在里面筑造巢脾。当时人们的养蜂工作只限于准备蜂窝，收捕分蜂群，割取蜂蜜、蜂蜡等。

19世纪，人们发明出活动巢框蜂箱、巢基、分蜜机等养蜂机具以后，养蜂业实现了半机械化生产。

1814年，俄国著名养蜂家普罗科波维奇发明了有活动框的柜式蜂箱，并用这种蜂箱先后饲养过上千群蜜蜂。

1838年，美国费城养蜂家朗斯特罗什发明了有活梁的蜂箱养蜂。

现代养蜂

随着现代养蜂技术的发展，良种繁育和蜂病防治水平都有了很大提升，先进的机械设备和品种多样的蜂产品，不仅使养蜂生产率极大提高，也让产品拥有了更多附加值。

树洞养蜂

古代，人们懂得如何利用蜜蜂为自己酿造蜂蜜后，并不在自己住处附近建造蜂箱，而是爬到森林中的树上凿出一个树洞，吸引蜜蜂到此筑巢。树洞开口的外侧用一块木板挡着，只留一条细缝供蜜蜂进出。每一个养蜂人都会在树洞边刻上自己的标记，以免和别人的树洞弄混。这种在森林里养蜂的方式，就叫树洞养蜂。

蜂箱这种神奇的
小房子里有什么秘密？

蜂箱是蜜蜂繁衍生息和生产蜂产品的场所，它看起来就像一座小小的房子，有屋顶，也有墙。蜜蜂们通过一个出口进出蜂箱，这个出口同时也是通风口。蜂箱中有方便蜜蜂筑巢的特制木框——巢框。巢框中有人工制造的蜜蜂蜂房的房基——巢础，它是蜜蜂筑造巢脾的基础。蜂箱的巢框是活动的，可以随时从蜂箱中抽出来，以移出里面的蜜蜂。养蜂人通过观察巢脾中的卵、幼虫发育和食物储存的情形，掌握蜜蜂们的情况。巢框之间通常用木条隔开，这样巢脾之间可以留有一些空间，方便蜜蜂自由活动。

季节不同，蜂箱的部件也可以灵活调整。春夏季是蜜蜂最繁忙的时节，这时就可以扩大蜂箱出入口，避免蜜蜂们进出拥堵。还可以在蜂箱的顶部加摞一些小木框，为蜜蜂扩展出更充足的空间来酿蜜。冬季天冷时，缩小蜂箱出入口，寒风就不会灌入蜂箱，同时还能将老鼠等拒之门外。

组装蜂箱的基本结构

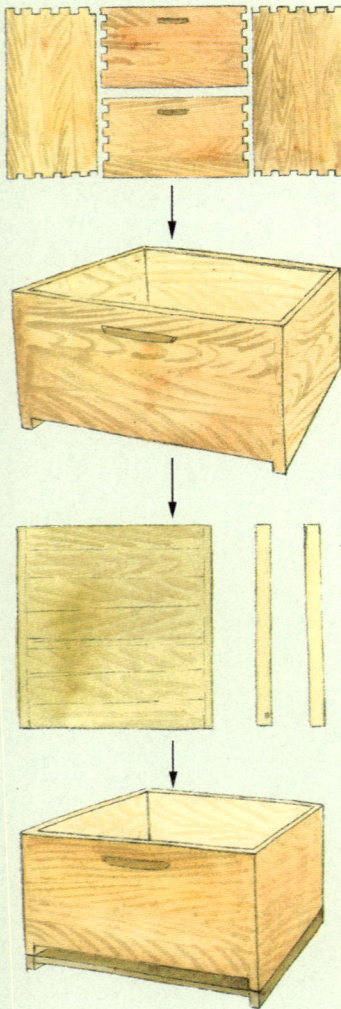

蜂箱组装过程中要注意哪些问题？什么样的蜂箱能让蜜蜂住得舒服？

巢础

巢础是一块平整的布满六边形的蜂巢板。有了它，蜜蜂只需要沿着边做脾即可，能够大大提高做脾效率，减小工作负荷，有更多的精力繁育幼蜂和采蜜。巢础主要有蜡制巢础和塑料巢础两种，目前养蜂者主要使用的是蜡制巢础，即以蜂蜡为主要原料，经过巢础机压制而成的巢础。使用巢础生产出来的巢脾整齐、坚固，方便对蜂群进行饲养管理。

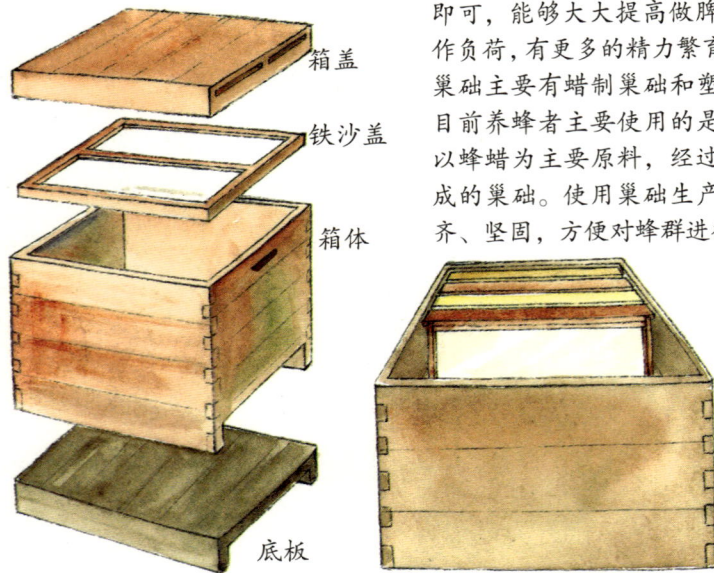

箱盖
铁沙盖
箱体
底板

整齐排列的巢框

蜂箱结构

养蜂人的防护服和工具

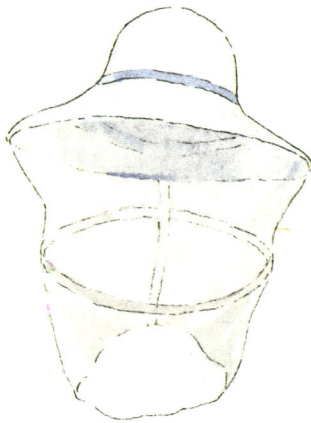

面网

保护操作者头部和颈部免遭蜂蜇。

防护服装和防护手套

摇蜜机

利用离心作用从巢脾中分离蜂蜜的工具。

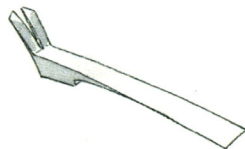

起刮刀

养蜂的专用工具，可以撬动、刮、铲东西。

蜂扫

用来扫除巢脾、箱体、养蜂框等蜂具上附着的蜜蜂。

塑料喂蜂盒子

大盒喂糖浆，小盒喂水。

巢门喂蜂器

在不打开蜂箱的前提下，向蜜蜂喂水。

各种各样的蜂箱

在不同的养蜂时期，世界各地曾出现过种类繁多的蜂箱。最简单的是一种原木蜂箱，就是直接从大树上截取有蜂筑巢的那一段。在缺少木材的地方，人们会用陶土制作蜂箱。木制的桶状或箱状蜂箱出现的时间并不长。如今蜂农大多使用的是可拆卸的现代蜂箱。

如何成为一个合格的养蜂人？

养蜂人的工作

养蜂人并不只是从蜜蜂那里获取蜂蜜，他们还需要细心地照料蜜蜂。养蜂人要让蜂箱保持干燥、干爽、干净，还要根据蜜蜂采蜜和产卵的情况，在恰当的时机将更多的巢框放进蜂房，让蜜蜂有足够的空间积攒食物或者哺育后代。冬天时，养蜂人要用甜水喂养蜜蜂，让它们为过冬积攒食物。养蜂人只有用心对待蜜蜂，为它们提供良好的生活条件，蜜蜂才不会离开。

用蜂扫扫除附着的蜜蜂

切割蜜盖

每天早上或晚上，养蜂人都要打开蜂箱将巢脾依次提出进行仔细检查，全面了解蜂王、幼虫和蜂卵有无病虫害以及蜂脾中蜜粉的储存情况。

每年的3月到10月是养蜂人最忙碌的时间，他们几乎每天都忙着收取蜂王浆和采集蜂蜜。虽然忙碌，但是看到蜜蜂们能健康生活、收获的蜂产品品质优良，他们就非常满足。

放回巢脾

分离蜂蜜

回蜂

在气候条件比较恶劣的天气，有的时候养蜂人需要稍微移动一下蜂巢，通常都是在几百米的范围内，帮助蜜蜂躲避高温、低温、盗蜂等现象。但是移蜂之后，经常会出现大量蜜蜂飞回原址的情况，这就是"回蜂"。

37

养蜂人的赶花路线

　　每年旧历年一过，养蜂人便带着一箱箱蜜蜂启程前往人烟稀少的深山寻觅早春野花。过不了多久，怒放的油菜花点燃了田野和山梁，蜜蜂们就会转而扑进乡间金黄厚实的油菜花中。蜜蜂们一边采蜜一边休整，蜂王加紧产卵，扩大蜂群，补充工蜂，为下一个大蜜源流蜜期的到来做准备。到了五月下旬，北方的槐花也次第而开，柔枝瑞雪，碧海祥云，城里城外处处溢满槐香。就这样，养蜂人带着蜜蜂追随花期一路向北，夏季穿梭在荆条花丛里，初秋进入一望无际的向日葵花田。到了十月，他们踏上重返故土的归途，蜜蜂们飞舞的身影再次出现在江南的茶树花间。他们就是一群追赶花期的养蜂人。

　　一般来讲，"大转地养蜂"的路线主要有五条：第一条是蜜蜂在广东、广西、福建和江西一带繁殖，然后进入江西和浙江开始生产期，再经江苏、山东、河北等地进入东北，之后转入长江中下游地区越冬，如此往复循环；第二条则是在广东广西繁殖，然后进入湖南和湖北开始生产期，再取道河南、山西、宁夏到内蒙古，然后进入浙江越冬；第三条路线是蜂群在福建或江西繁殖，到河南进入生产期，转入甘肃，之后到浙江越冬；第四条路线是在云南繁殖蜜蜂，然后

第一条路线：　→
第二条路线：　→
第三条路线：　→
第四条路线：　→
第五条路线：　→

38

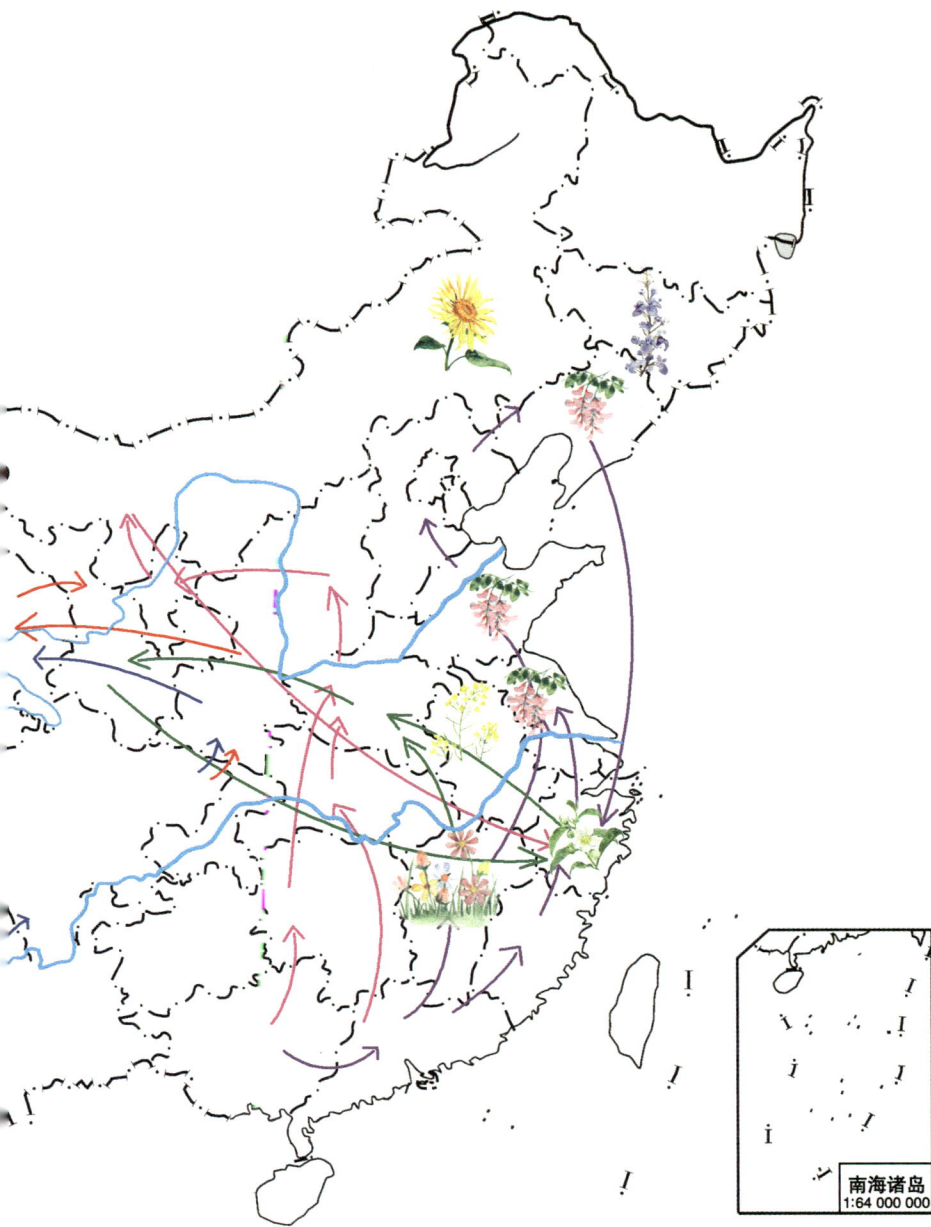

一男一女一条狗，一车蜜蜂到处走。
一顶帐篷是一家，一年四季在外头。
风里雨里不歇手，虽有收获不丰厚。
遇事忍让为以后，明年还能把狗遛。
辛苦寂寞藏心头，出门只为把蜜求。
盼得流蜜大丰收，粮食衣服全都有。
养蜂有喜也有忧，赔挣不能把蜂丢。

20世纪中叶，江山养蜂人在全国最早使用火车把用方箱养殖的蜜蜂进行转地放蜂，采集外地蜜源。1953年起，江山蜂农开始将蜂箱运送到龙游、义乌、松江、昆山等地，并逐步演变为在全国范围"走南闯北""追花夺蜜"的养蜂模式。

定地养蜂

指蜂农选择一个蜜源植物丰富的地方，长期居住在那里养蜂。

转地养蜂

指蜂农根据蜜源植物的花期不同，将蜂群运到不同的地点采蜜。转地养蜂又有小转地和大转地养蜂两种方式。

南海诸岛
1:64 000 000

从四川进入生产期，转战陕西、青海（或甘肃、新疆），然后直接回云南采蜜和繁殖，没有越冬期；第五条路线是在四川繁殖和进入生产期，然后经陕西到青海（或甘肃、新疆），在甘肃短暂越冬。

39

小小养蜂人

自古以来，人们养蜂主要是为了取蜜，为了谋生。随着时代的变迁，就像许多人爱养狗、养猫一样，也有不少人爱上了养蜂。你知道养蜂需要具备哪些条件吗？

养蜂的外部条件

家庭养蜂一般选择中华蜜蜂。因为中华蜜蜂具有耐寒耐热、可采集的花蜜种类多等特点，其养殖成功率以及蜂蜜的营养价值都高于意大利蜜蜂。

如何获得种蜂

家庭养蜂可以通过网络购买种蜂群，初养者可联系一家能指导养蜂的卖家，在购买其产品的同时，获得相应的技术支持。

当然利用自然分蜂或人工分蜂的方法获得种蜂是最好的，有经验的养蜂人可以通过分蜂让蜂群的数量不断增加。

蜂的日常管理

中华蜜蜂是很容易管理的"小精灵"。日常管理只需观察蜜蜂有没有正常飞进飞出，蜂箱会不会漏水，箱内有没有蜂蜜，蜂王有没有正常产卵等，如有问题及时解决即可。

小朋友观察蜜蜂时，不要站在出口正对的位置，挡住蜜蜂进出的路径。同时注意身上不要有刺激性气味，不要穿黑色的衣服。没有多年养蜂经验的人应事先戴好网帽、手套等护具再接近蜂巢。观察时万一被蜜蜂蜇了，不要在蜂巢旁驱赶、拍死叮咬人的蜜蜂，那样这只蜜蜂会释放出化学信息素，引导蜂群来攻击。被蜂蜇后要先远离蜂群再进行拍打，待清洗干净叮咬处后再回到蜂箱边，否则还是有蜜蜂会闻到信息素的味道前来攻击。

寒冬酷暑时的管理

中华蜜蜂一年四季都可以生活在同一个地方，对气候适应能力强。但是受季风气候影响，我国大部分地区夏天气温很高，要注意蜂巢不能被阳光直射，需打开蜂箱的通风孔换气。如果是用圆桶养蜂，那么上口要留有空隙通风。冬季，为了帮助蜜蜂正常越冬，要注意给蜂箱保暖。蜂农通常会用旧棉袄、塑料布包裹蜂箱。如果碰上气温突然升高，要注意及时把保暖的包裹物去掉，避免蜂巢内部过热。还要注意查看蜂箱内蜜蜂自己贮存的蜜蜂和花粉余量，如果存量不足，要人工喂食白糖以维持蜜蜂的正常生活。

小朋友可以在冬季给自己的蜜蜂喂白糖水。喂糖水时应根据不同的蜂箱采用不同的容器，也可以在糖水上面放一些干稻草，放入蜂箱内，让蜜蜂自己取食。

亲爱的小朋友，只要你用心照顾蜜蜂，观察蜂巢时轻手轻脚，你就会发现蜜蜂是很容易相处的哦。

蜜蜂为什么被称为最重要的传粉者?

传粉

大多数植物的种子都是包裹在果实中的。要想结出果实，植物就必须先开花。光开花还不行，花朵还需要完成授粉。花朵花药里的粉粒就是花粉，多是黄色

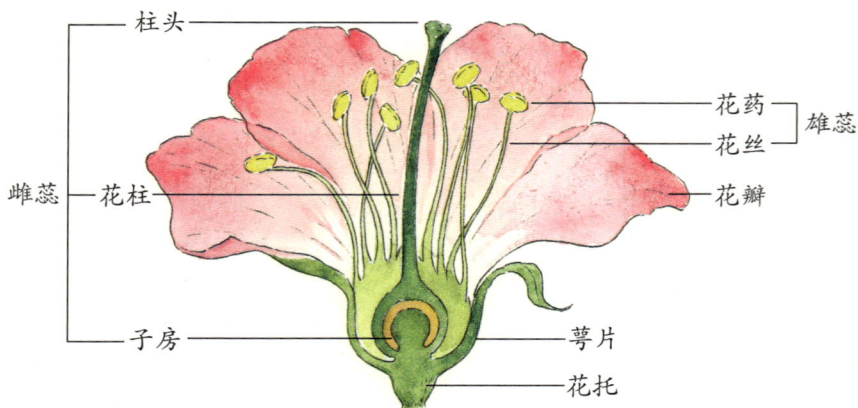

柱头

花药 ⎫
花丝 ⎬ 雄蕊

雌蕊 花柱

花瓣

子房

萼片

花托

的，也有青色或黑色的。每个粉粒里都有一个生殖细胞。花粉传到雌蕊的柱头上，叫作授粉。授粉的方式分为自花授粉和异花授粉两种。

异花授粉是一种进化现象，能够产生更高质量的种子，对繁衍后代更有利，也是众多植物中最普遍的授粉方式。这就产生了一个问题——植物通过什么途径实现相互传送花粉呢? 通常植物借助昆虫和风，少数借助水和其他动物等媒介来完成异花授粉的过程。

需要授粉的植物

有些品种的花，花粉颗粒又小又轻，能随风飘散，传播开来。有的植物花粉颗粒很大，表面凹凸不平，具有黏性。这种大颗粒的花粉要想传播，就需要传粉媒介来帮忙。其中，风媒花约占 10%，大部分为虫媒花。

蜂鸟传粉

蝙蝠传粉

大多数被子植物都是虫媒植物，一般花大而鲜艳，香味比较浓；花生在比较显著的位置，以引诱昆虫。比如柑橘等果树，油菜等农作物。

能够传粉的动物

很多动物在一定程度上都能帮助植物授粉。

以花蜜为食的甲虫在花丛中穿梭，能在一定程度上帮助植物授粉。

蝴蝶和飞蛾可以将长长的管状嘴伸进花朵底部吸食花蜜，同时身上便会沾满花粉。

蜂鸟悬停在花朵旁边，利用长长的喙和比喙更长的舌头吸食花蜜时，也会带走花蕊上的花粉。

有些蝙蝠也可以在吸食花蜜的同时帮植物传递花粉。

蜜蜂种群中也有很多授粉能手。

人工授粉

人工授粉工作量大、成本高、不均匀、坐果率也没自然授粉高。

但人工授粉也有其优点，比如遇上天气恶劣、花期很短的情况，人工授粉就有了显著的效果。对雌雄异株的植物而言，人工授粉也具有十分重要的意义。当雌花和雄花花期不同时，人工授粉可以有效地提高植物的授粉率和坐果率，使果树达到预期产量。

熊蜂传粉

蝴蝶传粉

蜜蜂传粉

　　常见传粉昆虫中，蜜蜂是最重要的传粉者。蜜蜂携带大量花粉传给雌蕊后，由于花粉粒密度增大，花粉粒中所含生长促进物质（多种酶、含多种激素的生长素和维生素等）大增，因此能有效地刺激并促使花粉萌发和花粉管生长速度变快，从而提高果实产量，减少人工成本。可以说，蜜蜂是当之无愧的"传粉信使"。

　　蜜蜂以花粉和花蜜为食，通过采集花粉又为植物传粉，使植物得以延续后代。从生态学角度看，植物花的气味、颜色和泌蜜，都能够引诱昆虫为其传粉，花蜜可看作是植物对传粉者的一种奖赏。两者相互依存，互惠互利。

利用蜜蜂授粉，可使油菜增产 18% 左右。

利用蜜蜂授粉，可使棉花增产 12% 左右。

利用蜜蜂授粉，可使
水稻增产 5% 左右。

慎用杀虫剂

人们在农田里喷洒杀虫
剂，虽然能够有效消灭一些以
农作物为食的昆虫，但如果是
在作物开花期喷洒，农药残留
物就会污染花粉和花蜜，导致
蜜蜂中毒并大量死亡。因此，
为了蜜蜂，尽量不要在植物的
开花期使用杀虫剂。

以种植西瓜为例，蜜蜂传粉，每亩
可节约授粉用工 15 人；与激素授粉成
本约 1500 元 / 亩相比，利用蜜蜂授粉
成本仅为约 80 元 / 亩，后者每亩可以
节约授粉成本 90% 以上；与激素坐果相
比，蜜蜂授粉还能提高西瓜亩产量，平
均增收约 830 元 / 亩。

小小的蜜蜂如何生产出那么多产品？

蜂产品的生产

蜂蜜

采蜜飞回的工蜂到达蜂巢入口时，会把蜜囊里的东西吐出来，转交给另一只工蜂，它自己则立刻转身，再次出发去采蜜。

在蜂巢里，采蜜蜂将采到的花蜜转交给其他工蜂。

接下来，花蜜会在蜂群中传递，从一个工蜂的口中转到另一个工蜂的口中。在这一过程中，蜜蜂会往花蜜里添加一些物质，使得花蜜营养更丰富。负责传递的最后一只工蜂会将新生成的东西储存到小蜂房中，待小蜂房存满花蜜，蜜蜂会用蜂蜡制成封盖，将其封死。

花蜜不断暴露在温暖的空气中，其中的水分就会不断蒸发。为了使残存的水分继续蒸发，工蜂们会快速扇动翅膀，形成气流，吹走蜂巢中的湿气，使蜂蜜慢慢成熟。花蜜的含水量高达80％，而蜂蜜的含水量降到了20％。这种浓缩有利于蜂蜜的储藏，而且蜂蜜中还含有防止细菌和霉菌滋生的物质，因此，纯正的蜂蜜一般不会腐坏。

工蜂将蜂蜜存放在蜂房里。

蜂蜡

在工蜂腹部的褶皱深处，分布着能制造蜂蜡的腺体。这些蜂蜡可以固化成非常薄的小薄片。工蜂从尾部分泌蜂蜡，用后足收集起来，通过嘴部进行搬运，再利用上颚将蜂蜡搅拌成一个个小小的蜡球，用于建造巢穴。

蜂胶

蜜蜂把蜂蜡与从植物嫩芽上采集到的树脂混合，制成蜂胶，涂抹在蜂巢顶部、侧面和隔板上，用于阻挡气流、防止雨水和其他不受欢迎的昆虫趁虚而入。

工蜂采集植物嫩芽上的黏性物质制成蜂胶

蜂花粉

工蜂将花粉、唾液与蜂蜜混合，将其严严实实地封存在小蜂房中，当花粉发酵之后，就变成了蜂花粉。

蜂王浆

蜂王浆是蜂巢中最有价值的食物，是工蜂食用花粉后，从咽头分泌出的用于喂养蜂王幼虫的物质。

工蜂将花粉存放在蜂房里。

蜂产品的种类和价值

蜂产品是蜜蜂的派生物，具有纯天然、无污染、高营养的特点。

蜂蜜

蜂蜜又名石蜜、岩蜜等，其主要成分是葡萄糖和果糖，除此之外，还含有各种维生素、矿物质和氨基酸等。蜂蜜既是良药，可延年益寿，又是上等饮料，还是可用于美容的保健品。《本草纲目》记载蜂蜜入药之功有五："清热也，补中也，解毒也，润燥也，止痛也。生则性凉，故能清热；熟则性温，故能补中。甘而平和，故能解毒；柔则濡泽，故能润燥；缓可以去急，故能止心腹、肌肉、疮疡之痛；和可以致中，故能调和百药，而与甘草同功。"

蜂王浆

蜂王浆中含有多种酶、多肽、多糖、氨基酸等物质，具有较高的营养价值和免疫功能，而且含有极高的长寿因子。营养学家认为，蜂王浆是世界上唯一可供人类直接服用的高活性成分的超级营养食品。

蜂花粉

蜂花粉中含有丰富的蛋白质、氨基酸、维生素和微量元素，对预防心脑血管疾病、提高抵抗力、延缓衰老等有一定作用。

蜂胶

近代研究证明，蜂胶所含有的丰富而独特的生物活性物质，具有抗菌、消炎、止痒、抗氧化、增强免疫、降血糖、降血脂、抗肿瘤等多种功能，对人体有着广泛的医疗、保健作用。

蜂王幼虫

又称蜂王胎、蜂皇胎，含有大量的氨基酸、维生素及微量元素，长期服用有助于维护人体内环境平衡，提高抗氧化能力，促进人体新陈代谢，并对肿瘤细胞有一定的抑制作用。

蜂蜡

又称黄蜡、蜜蜡，在化妆品、工业上都有大量应用，也可入药，具有消炎抑菌、降血脂和预防动泳粥样硬化等作用。据《本草纲目》记载，蜂蜡"甘，微温，无毒""主下痢脓血，补中，续绝伤金疮，益气，不饥，耐老"。

崖蜜

崖蜜是体形最大的产蜜蜂种——崖蜂产的蜜，也叫崖蜂蜜、岩蜂蜜，因崖蜂喜欢在悬崖上筑巢产蜜而得名。崖蜜采自原始森林悬崖峭壁上，集合了多种野生植物的花蜜，营养价值、药用价值高。国内崖蜜的主要产区为云南一带，西藏地区也有一定产量。

蜂产品食用注意事项

蜂产品虽然营养价值高，但也不是多多益善，而是要根据不同情况适量食用或服用。尤其是未成年人，更要适当。

49

蜂蜜柠檬茶的制作

蜂蜜柠檬茶是一种非常受欢迎的饮品。口感酸甜，具有生津、止渴、祛暑、养颜、美容等功效。

第一步：洗净柠檬，用盐搓洗柠檬表面，将表面的蜡去掉。

第二步：把柠檬切片。

第三步：先在瓶子里倒一点蜂蜜，码一层柠檬，再倒蜂蜜，再码一层柠檬。蜂蜜一定要没过柠檬。

第四步：把码好的柠檬蜂蜜放在冰箱冷藏放置一段时间。

四大王蜜

我国是世界上蜂蜜产量最大的国家，也是世界上蜂蜜出口量最大的国家。在众多蜂蜜品种中，有四种蜂蜜无论产量还是品质都非常好，被称为"四大王蜜"。

洋槐蜜

是蜜蜂采集刺槐花蜜酿造而成的，蜜源主要来自黄河流域。新蜜颜色呈水白色，随着保存时间增加会变为浅琥珀色，味道甜而不腻，有洋槐花的香味，果糖含量高，一般一年内不会产生结晶。

荔枝蜜

是蜜蜂采集荔枝花蜜酿造而成的，蜜源主要来自广西、广东、福建等华南地区。新蜜颜色呈浅琥珀色，味道香甜，有荔枝香气，辣喉，结晶呈乳白色，颗粒细腻。

荆条蜜

是蜜蜂采集荆条花蜜酿造而成的，蜜源主要来自北方地区。新蜜呈浅琥珀色，味道甜而不腻，结晶呈乳白色，颗粒细腻。

枣花蜜

是蜜蜂采集枣花蜜酿造而成的，蜜源主要来自北方地区。新蜜呈琥珀色，色深，味道甜腻，不易结晶，结晶后颗粒较为粗大，不细腻。

创新蜂产品的
主要功能是什么？

如今，蜂产品不仅可以用于食补和药用，人们还利用其特性制成多种创新蜂产品，如蜂胶唇膏、护手霜、面膜等。

◎这些创新蜂产品各自利用了传统蜂产品的哪些特性？

◎你还能创新出哪些蜂产品呢？

江山市是我国的养蜂大市，养蜂产业给当地带来了巨大的经济效益。据统计，2017 年该市累计实现蜂业总产值 15.36 亿元，其中，全年蜂产品直接出口额约 2400 万美元，向"一带一路"沿线国家累计出口蜂产品 43.2 吨，货值 410.2 万美元。

如果想让古老江山的蜜蜂产业重新成为经济增长点，你能设计一个"互联网＋蜜蜂产品"的营销方案吗？

生活中，有很多蜂蜜美食，在班级里举办一个蜂蜜美食分享会吧！

中医蜂疗

蜜蜂的螫针是蜜蜂的自卫器官，当蜜蜂感受到生命受到其他生物的威胁时，会进行螫刺，在螫刺的同时，蜜蜂会从蜂针注射一种液体，其中所含的化学成分会对被针螫的生物产生局部或全身反应，我们将蜜蜂针刺所产生的液体称为蜂针液。中医利用蜂针形成了独特的中医蜂疗，即以中医经络理论为基础，利用蜜蜂螫针为针具，循经络皮部和穴位施行不同手法的针刺，以防治疾病的方法。1992 年，中医蜂疗被国家正式批准成为中医学中的一个分支——中国生物中医蜂疗学。

根据出土的文物记载，古埃及、印度、罗马和中国都曾经以蜂针治疗风湿病。

我们的祖先很早对蜜蜂就有了比较全面的认识。李时珍《本草纲目》释"蜂"为"蜂尾垂锋、故谓之蜂"。

另外，据考古学查证，早在三四千年以前的殷商甲骨文中就有"蜜"和"蜂"的文字记载（见下图），而在 1300 年前就出现"蜜蜂"两字连用，古人在对蜂认识的同时，对蜂产品也自然有同样深度的认识。

甲骨文	甲骨文
小篆	小篆
隶书	隶书
蜜 楷体	蜂 楷体

蜜蜂带给人们
哪些创造发明的灵感？

蜂巢的启发

蜂巢一直是蜜蜂可以引以为豪的杰作。人们仿照蜂巢结构制造出各类建筑材料和建筑物。

例如移动蜂巢体育馆，其主体框架由六边形可充气模块组成，外表酷似蜂巢。90 米 ×60 米的卵形结构可以容纳 3500 人，中心区域面积为2000 平方米，高度为 10～17 米。整个项目组装需要花费 2 周时间，拆卸则只需 1 周。

巴黎蜂巢状大楼

移动蜂巢体育馆

华东师范大学附属双语幼儿园

蜂眼的启发

蜜蜂独特的身体构造和奇妙的本领，特别是蜂眼，给人类带来了很大的启发，有不少现代科技产品都是模仿蜂眼发明成功的。

蜂眼电脑专用镜　　这种眼镜专为长时间用电脑的人设计，能有效阻挡电脑辐射对眼睛的伤害及近距离强光频闪，特别适合办公一族。

蜂眼照相机　　现代的照相技术也受到蜜蜂的启发。在蜜蜂头部有一对奇异的复眼，每只复眼都由 6300 个单眼构成，光进入眼晶体，达到感光细胞，如同用照相机照相的全过程。专家们模仿蜂眼的构造，制成了一种先进的蜂眼照相机，一次可拍下 1000 多张照片。

科学家们受蜜蜂独特身体构造和奇妙本领的启发，还发明了哪些东西？这些东西是根据蜜蜂的什么特点发明的？

蜜蜂的文化意蕴

表现蜜蜂的音乐作品都有哪些共同点？

试着唱一唱这首《小蜜蜂》，和朋友们编几个动作，模仿一下小蜜蜂的形态吧。

小蜜蜂

1=C 2/4

德国歌曲
于 碚 译词
贺锡德配歌

```
5   4   | 3   0   | 2 3  4 2 | 1   0   |
```
1. 嗡， 嗡， 嗡，　　　飞吧， 小蜜　蜂，
2. 嗡， 嗡， 嗡，　　　飞吧， 小蜜　蜂，
3. 嗡， 嗡， 嗡，　　　飞吧， 小蜜　蜂。

```
3 4  5 3 | 2 3  4 2 | 3 4  5 3 | 2 3  4 2 |
```
我们 决不 伤害 益虫，快快 飞到 大树 林中，
为采 花蜜 辛勤 劳动，为采 花蜜 辛勤 劳动，
花蜜 采得 又多 又香，高高 兴兴 飞回 蜂房，

```
5   4   | 3   0   | 2 3  4 2 | 1   0   |
```
嗡， 嗡， 嗡，　　　飞吧， 小蜜　蜂。
嗡， 嗡， 嗡，　　　飞吧， 小蜜　蜂。
嗡， 嗡， 嗡，　　　飞吧， 小蜜　蜂。

野蜂飞舞

《野蜂飞舞》原是俄罗斯作曲家里姆斯基·柯萨科夫所作歌剧《萨旦王的故事》 第二幕第一场中，由管弦乐演奏的插曲，是常用小提琴或其他乐器独奏的小曲。

歌剧叙述萨旦王喜获独生子后，因受奸人的恶意中伤，将爱子和王后装在罐子里流放汪洋中。后来母子安然漂流到一个孤岛上，王子也平安长大了。某日，王子救了一只被大黄蜂蜇伤的天鹅，不料天鹅却变成了一位美丽可爱的公主。这时明白了王后无辜的萨旦王也带了侍从，乘船来到孤岛，找到了久别无恙的王后与王子。全剧最后在大团圆与欢乐中结束。

今日，这首管弦乐小曲已脱离原歌剧。《野蜂飞舞》以马克西姆·姆尔维察演奏的版本最为出名。

1966 年，美籍华裔武术家李小龙参演了美国电视剧《青蜂侠》，后为纪念于 1973 年逝世的李小龙先生，美国导演廉·博丁于 1974 年合成了一部同名电影《青蜂侠》，并以《野蜂飞舞》为其片头曲。

找一找、听一听《野蜂飞舞》这首曲子，你能想象到什么画面，和同学们交流一下。

小提琴曲《蜜蜂》

《蜜蜂》是德国小提琴家、作曲家弗朗索瓦·舒伯特所作的小提琴曲，该乐曲短小精悍，形象鲜明，采用了比较活泼的小快板速度演奏，一开始就出现了连绵不断的三连音和半音上下颤动，奏出了模仿嗡嗡的振翅飞鸣声，生动逼真，加上旋律连音还连续作八度提升，使人联想到一群可爱的蜜蜂在盘旋起伏，栩栩如生地描绘了蜜蜂灵巧轻盈的形象。

近代·齐白石《紫藤蜜蜂图》

为什么小蜜蜂
深受画家们的青睐？

蜜蜂小巧，给人玲珑的美感，是历代画家常描绘的昆虫之一。就传世作品而言，从五代至近代都有，且绘画一般采用工笔、静态的形式，大小、比例、颜色都与蜜蜂实体吻合，具有较高的写实性。有关蜜蜂的画作，大多是表现众花引来蜜蜂采蜜的情景，也有的再配以其他常见昆虫，如蝴蝶、蜻蜓等，以增加作品的生动性、趣味性。

在古代，还有一种扬蜂抑蝶的传统观念，例如唐代诗人温庭筠说蝶为"花贼玉腰奴"，蜂为"蜜官金翼使"。但为什么蜂蝶同画呢？或许是用美丽的蝴蝶与勤劳的蜜蜂，再以象征吉祥、欣欣向荣的花草为依托，可以呈现出一种和谐的美吧。

请你也试一试蜜蜂国画技法，来画一只小蜜蜂吧。

明·姜泓《蜜蜂凤仙图》

蜡染

　　蜡染，是我国古老的少数民族传统纺织印染手工艺，其使用的防染剂主要是黄蜡（即蜂蜡），这是因为蜂蜡黏性大，不易碎裂和脱落，防染性强。分布在贵州、云南的苗族、布依族等民族都擅长蜡染，他们制作的蜡染工艺品图案丰富，色调素雅，风格独特，用于制作服装服饰和各种生活实用品，显得朴实大方、清新悦目，富有民族特色。

试一试：多彩城市蜡染装饰画

　　需要的材料有：12厘米×12厘米的白色纤维布、各色蜡笔、铅笔、锡纸、黑色喷漆。

　　1. 先用铅笔在布料上画出线稿。

　　2. 将各种颜色的蜡笔分装在容器中，并进行加热，使蜡笔融化。

　　3. 用融化的蜡笔为线稿上色，注意布料下面要铺上一层锡纸或是塑料纸，保持桌面的干净。

　　4. 上好色后待颜料风干，将画布团成团，形成褶皱，这样蜡就会裂开，出现裂纹，然后喷上一层薄薄的黑色喷漆颜料，形成斑驳的复古效果。最后覆盖上一层白色画布，再附上一层锡纸，用电熨斗熨烫，使颜料更加固定。

　　5. 见证奇迹的时刻到了！冰纹肌理出现啦，布面上的图画很复古，别有一番韵味！

　　做成抱枕，摆在家里，也超有范儿的！

小蜜蜂也能变身为华丽的珠宝？

　　蜜蜂是勤劳、繁荣的象征，自古以来，人们就将它装点在不同的饰品里而得妙趣天成。有用蜜蜂点缀的耳环、头簪、手链等配饰，有蜜蜂造型的吊坠、胸针、胸花，也有与花儿、蝴蝶等组合而成的纹样。小小蜜蜂，一直都是"时尚"元素，让我们的生活多姿多彩。

耳环

　　清代的翠嵌珠宝蜂纹耳环是翠玉质地，半圆形，一半为绿色，一半为白色。绿色一端有铜镀金质蜜蜂及长弯针，蜜蜂腹嵌粉红色碧玺，翅膀由两组米珠组成，余皆点翠，两根长须之须端各有珍珠一粒。此对耳环设计精巧，配色讲究，采用蜜蜂造型更是增加几分活泼。

清代　翠嵌珠宝蜂纹耳环

挑心

　　挑心，指明代妇女的一种发饰，"顶用宝花"。出土的挑心实物，簪首多做成一朵或一组花的造型，有些还镶嵌宝石。此金嵌宝菊花挑心就使用了当时非常流行的花卉相关题材"蜂赶菊"。菊花的造型为一圈短而椭圆的花瓣，花蕊较大，饰有网格纹，状如蜂窠。其原型是"白甘菊"，古人也称之为"回蜂菊"，大概是因为"回蜂"二字所蕴含的特别寓意。

明代　金嵌宝菊花挑心

头面

在明清时期的图案组合中，匠人们会将蜜蜂与鲜花组合，比如狄髻上簪插的首饰（明清两代称为"头面"）制作中，就有"蜂采花"主题的设计。

纹样

明代还有将蜜蜂、蝴蝶等草虫与花卉组合在一起的衣服纹样。"蜂蝶草虫花卉纹"是明代孝靖皇后的一件丝绵袄纹样，在萱草、扶桑等花卉之间，蜂蝶飞舞，螳螂爬行。整个纹样极富浓郁的自然情趣。

明代·凝香子《吴氏先祖容像》

蜂蝶草虫花卉纹

这些饰品与纹样，充分体现了古代工匠艺人能够将大自然中的生物形态进行大胆夸张、高度提炼和精美的组合。其实，在当代的首饰设计中，蜜蜂题材也并不少见。你能找一找，看看它们的设计者都是怎么运用蜜蜂这一时尚元素的吗？

小蜜蜂做了什么，
竟让神医扁鹊都"得之而术良"？

蜜蜂赋（节选）

晋·郭璞

咀嚼花滋，酿以为蜜。自然灵化，莫识其术。散似甘露，凝如割肪。冰鲜玉润，髓滑兰香。百药须之以谐和，扁鹊得之而术良。

蜜蜂在大自然中以其轻巧的身材、辛勤的付出，不仅使大自然平添生趣，而且为人们提供了各种美味。因此，历代文人多有诗文表达对蜜蜂的赞颂。

假如让你夸一夸蜜蜂，你都会称赞蜜蜂的哪些方面呢？试着写一写吧！

徐步（节选）

唐·杜甫

芹泥随燕嘴，花蕊上蜂须。

秋野五首·其三（节选）

唐·杜甫

风落收松子，天寒割蜜房。

北山暮归示道人（节选）

宋·王安石

千山复万山，行路有无间。
花发蜂递绕，果垂猿对攀。

见蜂采桧花偶作

宋·陆游

来禽海棠相续开，轻狂蛱蝶去还来。
山蜂却是有风味，偏采桧花供蜜材。

蜜蜂到底是为谁辛苦？

蜂

唐·罗隐

不论平地与山尖，　无限风光尽被占。
采得百花成蜜后，　为谁辛苦为谁甜。

勤劳的小蜜蜂在山花烂漫时不停穿梭、劳作，广阔的大自然给了它们施展本领的空间。将已采的百花酿成蜜，辛苦的劳作终于有了可喜的成果。只是，这般辛劳到底又是为了谁呢？

　　诗人罗隐在世之时正值唐末，其时朋党倾轧、宦官专权、战乱频仍、民不聊生，请你查找相关历史资料和作者的生平际遇，说一说诗人想要借助小小的蜜蜂表达怎样的感情？

近代·齐白石《桂花蜜蜂图》

咏蜂

南北朝·萧纲

逐风从泛漾，照日乍依微。
知君不留盼，衔花空自飞。

蜂儿

宋·杨万里

蜜蜂不食人间食，玉露为酒花为粮。
作蜜不忙采花忙，蜜成犹带百花香。
蜜成万蜂不敢尝，要输蜜国供蜂王。
蜂王未及享，人已割蜜房。
老蜜已成蜡，嫩蜜方成蜜。
蜜房蜡片割无余，老饕更来搜我室。
老蜂无味只有滓，幼蜂初化未成儿。
老饕火攻不知止，既毁我室取我子。

咏蜂

明·王锦

纷纷穿飞万花间，终生未得半日闲。
世人都夸蜜味好，釜底添薪有谁怜。

微小的蜜蜂为何触发了屈原的感慨？

天问（节选）

战国·屈原

蜂蛾微命，力何固？

百姓虽身份微贱，他们的力量为何如此强大？

屈原以蜂蛾代指百姓，你能说一说，蜂蛾身上的什么特点和其代表的什么品质、精神让屈原以其代指百姓吗？

◎战国·屈原《楚辞·招魂》："粔籹蜜饵，有餦餭些。瑶浆蜜勺，实羽觞些。"

◎明·吴承恩《西游记》第十六回："口甜尾毒，腰细身轻。穿花度柳飞如箭，粘絮寻香似落星。小小微躯能负重，嚣嚣薄翅会乘风。"

东坡蜜酒的背后有着怎样的故事？

蜜酒歌

宋·苏东坡

真珠为浆玉为醴，六月田夫汗流沘。

不如春瓮自生香，蜂为耕耘花作米。

一日小沸鱼吐沫，二日眩转清光活。

三日开瓮香满城，快泻银瓶不须拨。

百钱一斗浓无声，甘露微浊醍醐清。

君不见南园采花蜂似雨，天教酿酒醉先生。

先生年来穷到骨，问人乞米何曾得。

世间万事真悠悠，蜜蜂大胜监河侯。

据说，元丰四年（1081年）十月前后，苏东坡种的稻子丰收，可是，喜酒的苏东坡掐指一算，自己数十亩的稻子仅够一家人一年的主食，哪里还有粮食酿酒啊！他只好节省开支，把每月的俸禄分作三十份，吊在屋梁上，每日取其一份。用不完的零钱，就放进竹筒里，以买酒菜。太守徐君猷得知苏东坡日子不好过，总是在各方面对其关照。

有一天，徐君猷来看望苏东坡。苏东坡没有好酒，只得以官家酒坊熬酿的酒招待太守。徐太守端上酒盅喝上第一口，眉头皱起来了，苦笑着对苏东坡说："此谓何酒？"

苏东坡难堪地回答道："此乃官家酒坊白酒。" 徐太守叹了口气说："真是苦涩不可入口！" 苏东坡也叹道："余虽饮酒成性，然而每次饮酒甚少，一盅为足。此尚难买，何言苦涩！" 徐太守追问："为何？" 苏东坡苦笑着答道："私人酿的好酒，因为官府搜捕甚严，在黄州街上不易买到。余欲自酿，又无好酒方。获罪贬黄州以来，

未曾见尝。为免亲朋遭受走私之罪，吾概不索求，只得如此而已。"徐太守长叹道："原来如此！苦哉，居士！"

徐君猷告别苏东坡，返回府上后，就打发家童送来一坛好酒给苏东坡。可是，苏东坡哪舍得喝，大半坛酒都用去招待了乡亲父老。后来，道士杨世昌从四川老家寄来了酿酒方子和酒曲。苏东坡喜笑颜开，这下终于喝上家乡又香又浓的好酒了。用杨道士的酒方和酒曲，酿酒可以不用稻谷，只要蜜糖就行了。苏东坡按照蜜酒方子，试酿了几回，发现味道果然不错。左邻右舍的人喝了，也说这酒是酒中少见。没过几天，苏东坡又送了徐太守一大瓶。徐太守喝了还想喝，他说，这蜜酒全国难找。

后来，黄州人都从苏东坡那学会用蜜酿酒的方法，再也不喝官家酒坊苦涩的高价酒了。因这酒是苏东坡头一个酿出来的，为了纪念他，黄州人就干脆把这种酒称为"东坡蜜酒"。

◎关于"东坡蜜酒"的制法，《东坡志林》中有这样的记载："蜜酒法，予作蜜格与真一水乱，每米一斗，用蒸面二两半，如常法，取醅液，再入蒸饼面一两酿之。三日尝，看味当极辣且硬，则以一斗米炊饭投之。若甜软，则每投，更入面与饼各半两。又三日，再投而熟，全在酿者斟酌增损也。入水少为佳。"

花粉歌

宋·苏东坡

一斤松花不可少，八两蒲黄切莫炒。
槐花杏花各五钱，两斤白蜜一起捣。
吃也好、浴也好，红白容颜直到老。

67

作家杨朔为什么梦见自己变成一只蜜蜂？

荔枝蜜

现代·杨　朔

花鸟草虫，凡是上得画的，那原物往往也叫人喜爱。蜜蜂是画家的爱物，我却总不大喜欢。说起来可笑。孩子时候，有一回上树掐海棠花，不想叫蜜蜂蜇了一下，痛得我差点儿跌下来。大人告诉我说：蜜蜂轻易不蜇人，准是误以为你要伤害它，才蜇；一蜇，它自己就耗尽了生命，也活不久了。我听了，觉得那蜜蜂可怜，原谅它了。可是从此以后，每逢看见蜜蜂，感情上疙疙瘩瘩的，总不怎么舒服。

今年四月，我到广东从化温泉小住了几天。四围是山，怀里抱着一潭春水，那又浓又翠的景色，简直是一幅青绿山水画。刚去的当晚，是个阴天，偶尔倚着楼窗一望：奇怪啊，怎么楼前凭空涌起那么多黑黝黝的小山，一重一重的，起伏不断。记得楼前是一片比较平坦的园林，不是山。这到底是什么幻景呢？赶到天明一看，忍不住笑了。原来是满野的荔枝树，一棵连一棵，每棵的叶子都密得不透缝，黑夜看去，可不就像小山似的！

荔枝也许是世上最鲜最美的水果。苏东坡写过这样的诗句："日啖荔枝三百颗，不辞长作岭南人。"可见荔枝的妙处。偏偏我来得不是时候，荔枝刚开花。满树浅黄色的小花，并不出众。新发的嫩叶，颜色淡红，比花倒还中看些。从开花到果子成熟，大约得三个月，看来我是等不及在这儿吃鲜荔枝了。

吃鲜荔枝蜜，倒是时候。有人也许没听说这稀罕物儿吧？从化的荔枝树多得像汪洋大海，开花时节，那蜜蜂满野嘤嘤嗡嗡，忙得忘记早晚，有时趁着夜色还采花酿蜜。荔枝蜜的特点是成色纯，养分大。住在温泉的人多半喜欢吃这种蜜，滋养精神。热心肠的同志送给我两瓶。一开瓶塞儿，就是那么一股甜香；调上半杯一喝，甜香里带着股清气，很有点鲜荔枝的味儿。喝着这样的好蜜，你会觉得生活都是甜的呢。

我不觉动了情，想去看看自己一向不大喜欢的蜜蜂。

荔枝林深处，隐隐露出一角白屋，那是温泉公社的养蜂场，却起了个有趣的名儿，叫"蜜蜂大厦"。正当十分春色，花开得正闹。一走近"大厦"，只见成群结队的蜜蜂出出进进，飞去飞来，那沸沸扬扬的情景会使你想：说不定蜜蜂也在赶着建设什么新生活呢。

养蜂员老梁领我走进"大厦"。叫他老梁，其实是个青年人，举动很精细。大概是老梁想叫我深入一下蜜蜂的生活，他小心地揭开一个木头蜂箱，箱里隔着一排板，板上满是蜜蜂，蠕蠕地爬动。蜂王是黑褐色的，身量特别细长，每只蜜蜂都愿意用采来的花精供养它。

老梁赞叹似的轻轻说："你瞧这群小东西，多听话。"

我就问道："像这样一窝蜂，一年能割多少蜜？"

老梁说："能割几十斤。蜜蜂这物件，最爱劳动。广东天气好，花又多，蜜蜂一年四季都不闲着。酿的蜜多，自己吃的可有限。每回割蜜，留下一点点，够它们吃的就行了。它们从来不争，也不计较什么，还是继续劳动，继续酿蜜，整日整月不辞辛苦……"

我又问道："这样好蜜，不怕什么东西来糟蹋么？"

老梁说："怎么不怕？你得提防虫子爬进来，还得提防大黄蜂。大黄蜂这贼最恶，常常落在蜜蜂窝洞口，专干坏事。"

我不觉笑道："噢！自然界也有侵略者。该怎么对付大黄蜂呢？"

老梁说："赶！赶不走就打死它。要让它待在那儿，会咬死蜜蜂的。"

我想起一个问题，就问："一只蜜蜂能活多久？"

老梁说："蜂王可以活三年，工蜂最多活六个月。"

我不禁一颤：多可爱的小生灵啊！对人无所求，给人的却是极好的东西。蜜蜂是在酿蜜，又是在酿造生活；不是为自己，而是为人类酿造最甜的生活。蜜蜂是渺小的，蜜蜂却又多么高尚啊！

透过荔枝树林，我望着远远的田野，那儿正有农民立在水田里，辛勤地分秧插秧。他们正用劳力建设自己的生活，实际也是在酿蜜——为自己，为别人，也为后世子孙酿造生活的蜜。

这天夜里，我做了个奇怪的梦，梦见自己变成一只小蜜蜂。

莎世比亚笔下的蜜蜂之国真实存在吗？

亨利五世（节选）

英国·莎士比亚

蜜蜂之国有国王和文武百官，
有些如各级官员，掌治于内；
有些如经商之流，闯荡天涯；
余者身带蜂刺，如兵丁持戈，
大肆掠取夏之威蕤花蕾芬芳，
欣喜载途，运掳物资回朝，
奉与帏幄中君临天下的帝王。
他忙于巡视哼歌而劳的工匠，
把他的黄金屋宇造得怎么样。
顺民们忙碌为他把甜蜜酿造，
可怜的运工们把沉重的财货，
络绎地扛进帝王的窄门深宫，
而那铁面的法官哼一声威严，
把打哈欠的懒雄蜂处以极刑。

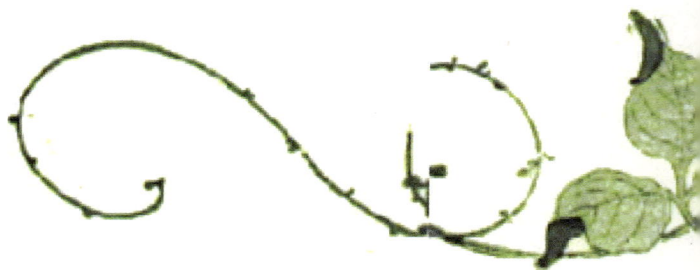

世界各地的蜜蜂文化

◎古埃及人认为，蜜蜂是太阳神落在沙漠中的眼泪的化身，因此他们对蜜蜂怀有崇敬之心。他们的统治者——法老，也有"蜜蜂国王"的称号。下埃及拥有肥沃的土地，鲜花遍野。因此，蜜蜂的图案曾出现在下埃及的国徽上。

◎尽管人们普遍对蜜蜂的勤劳表示尊重和认同，但蜜蜂的形象却很少出现在国徽或者家族标志中，人们更愿意将代表凶猛和勇敢的鹰、狮子或者熊等动物的形象放到徽章上。18世纪末19世纪初，法国皇帝拿破仑·波拿巴赋予了蜜蜂崇高的地位，甚至决定用蜜蜂作为国家的标志。

同样写养蜂，
古罗马的诗和我们的古诗有什么不同？

农事诗（节选）

首先要为蜜蜂造一个安稳的住所，
地方要避风（因为风妨碍蜜蜂携食回巢），
没有绵羊和顽皮的山羊羔践踏草花，
没有漫游的小母牛擦掉草场上的露珠，
损坏新发芽的嫩草。
肥沃的牲口厩里不要有鳞背斑纹的蜥蜴来往，
不要有食蜂鸟及其他鸟类，
或被她滴血的手染红了胸脯的燕子。
因为它们到处劫掠飞行中的蜜蜂，
作为美味带回去喂养不留情的幼雏。
但求附近有清泉和生绿苔的池塘，
有涓涓小溪在草丛之下悄悄流过，
有棕榈或巨大的野橄榄树为入口遮荫。
当新蜂王趁春暖花开带领新蜂群分房，
而青年蜂飞出蜂巢狂欢之时，

近水之处能吸引它们去趋凉避暑，
而途中一棵树能给它们以浓荫的庇
护。
在水中央，不论是止水还是流水，
需要有柳树或巨石横亘，
让它们能有许多歇脚的桥梁；
如果偶然被东风沾湿或吹落水中，
也好曝晒一下翅膀。
周围要有苍翠的桂树、香飘百里的
野百里香，
宝贵的浓香薄荷繁茂开花，
还有紫罗兰花圃啜饮滴滴甘泉。

　　诗人把选择蜂房位置这么一件乡村普通的琐事
描写得细致入微、情趣盎然，富有极大的艺术魅力，
体现出诗人对农村生活的关注和敏锐的观察能力，
洋溢着对田园之美与和平劳动的礼赞。诗中所传授
的养蜂经验，令人惊叹，是艺术性与科学性的统一，
在古罗马时代就向世人说明了艺术来自生活又高于
生活的道理。而诗中所描述的这些蜜蜂的生存环境
何尝不是人类的理想家园？

　　普布留斯·维吉留斯·马
罗（公元前70—前19年），通
称维吉尔，古罗马伟大的史诗
诗人。幼年受良好教育，后因
体弱多病，专心写作。田园抒
情诗《牧歌》10首是他早期的
重要作品；第二部重要作品是
他在公元前29年发表的4卷《农
事诗》；晚年著有史诗《埃涅
阿斯纪》12卷，语言严谨，画
面动人，情节严肃、哀婉，富
有戏剧性，为后世著作之楷模。

◎ "或被她滴血的手染红
了胸脯的燕子"出自希腊神话：
普洛克涅嫁色雷斯王忒柔斯，
忒柔斯奸污妻妹菲洛美而割其
舌。普洛克涅知情后杀子作为
报复，后姐妹分别化为燕子和
夜莺。

◎《农事诗》共四卷，第
一卷写谷物耕作、气象星辰和
农耕之神，第二卷写葡萄、橄榄、
树木和土壤、季节，第三卷写
畜牧及牧神，第四卷则是写维
吉尔富有实践经验而且最感兴
趣的养蜂。这里所选的便是第
四卷中的诗句，讨论的是关于
蜂房位置的选择。

蜜蜂真的缺少智慧？

蜜蜂的生活（节选）

（比利时）莫里斯·梅特林克

如果把五六只蜜蜂放进一只瓶子，同时也放进去同样数量的苍蝇，之后将瓶子横过来放着，瓶子底部朝窗户，那你会发现，蜜蜂会坚持不懈地寻找穿越瓶底的出口，直到累饿而死。这期间，苍蝇却会在不到两分钟内从相反一侧的瓶颈全体逃走。根据这个实验，约翰·鲁博克爵士就得出结论说，蜜蜂的智慧极其有限，而苍蝇却在解脱困境、寻找出路的时候显示出更大的技能。

但是，这个结论看起来并非无懈可击。如果大家愿意，不妨将那只透明的瓶子转动二十次，一会儿让瓶底对着窗户，一会儿让瓶颈对着窗户，你会发现，蜜蜂会随着转动二十次。这样，它就总是对着有光的那一侧。正是因为蜜蜂喜光，正是因为蜜蜂的智慧，才使得它们在这位英国专家的实验中失败了。它们明显以为，无论在哪一处监狱里，出口一定是在光线最明亮的一侧，它们也做出了相应的行动，并且一直坚持这个太符合逻辑的行动。对蜜蜂来说，它们在大自然里从来都没有遇到过超自然的神秘，它们没有经验处理这种突然间无法突围的事件，而且，它们的智力越高，就越是不容易接纳和理解那奇怪的障碍物。而那愚蠢的苍蝇却不管什么逻辑，也不管那晶体的谜团，它们无视光线的呼唤，只管这里那里扑腾翅膀，刚好就在那里遇上了总是等待着头脑简单者的好运气，并在智者殒命的地方找到了拯救自己的办法，最后发现了那个友好的开口，使其自由得以恢复。

由于苍蝇本不是啜饮鲜花的飞虫，而是靠很容易在里面淹死的东西为食，它就会很小心地落在任何盛有液体食物的容器边缘上，在那里机警地自我享用，而可怜的蜜蜂却会一头扎入，很快就死掉。它们不幸同伴的悲惨命运，一点也不会阻挡它们接近散发巨大诱惑力的诱饵，它们继续落在将死和已死者的尸体上，分担同样可悲的结局。除非见过糖果店被无数饥饿的蜜蜂所攻击的情景，没有任何人能够理解蜜蜂愚蠢到了何等的程度。我见过成千上万只在糖浆里精

疲力竭地挣扎的蜜蜂，它们最后都死在了里面。还有成千上万的蜜蜂会落在滚烫的糖水上，地上盖满了蜜蜂的尸体，窗户被蜜蜂遮暗了，有些在爬行，另外一些在飞动，还有一些浑身糊满了糖液，既不能爬也不能飞了，只有不到十分之一的蜜蜂能够把冒死抢来的战利品带回家去，然而，天上照样挤满新的一群没有头脑的后来者。

假如有某种外来的力量给我们的理智设下一步步的圈套，在保持沉着镇定方面，我们就一定会强过蜜蜂吗？我们先不要急于责骂蜜蜂的愚行，因为这样的愚蠢是我们强加于它们的；也不要急于嘲弄它们的智慧，因为这样的一种智慧没有接受足够多的训练来挫败我们的圈套，正如我们自己的智慧无力挫败我们今天尚且不得知，但也并非不可能存在的某种更优越的造物的计谋一样。我们目前还不知道这样一种造物的存在，因此我们得出结论，认为自己站在了这个地球上生命形式的顶点。但这样的信念毕竟不能说是无懈可击的。我在这里并不是假定，当我们的行动不合理，或者值得鄙视的时候，我们仅仅只是落入了一种造物设下的陷阱。

（有删改）

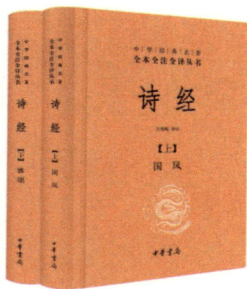

《诗经》

　　王秀梅译注 中华书局

　　《诗经》作为中国文学史上第一部诗歌总集，收录了自商末（或说周初）到春秋中叶的诗歌305篇，存目311篇，其中6篇有目无辞。共分风、雅、颂三部。

《庄子》

　　庄周著，方勇译注 中华书局

　　《庄子》是体现道家学说的一部极其重要的作品，在中国古典文学、哲学、艺术思想史上均具有不可动摇的地位。

《周易》

　　杨天才，张善文译注 中华书局

　　《周易》被称为"群经之首"，由"经""传"两部分组成。"经"称《易经》，包括六十四卦；"传"由《彖》《象》《系辞》《文言》《序卦》《说卦》《杂卦》共七种十篇构成。

《本草纲目》

　　李时珍著，钱超尘、温长路、赵怀舟、温武兵校注 上海科学技术出版社

　　全书分上、下两册，在忠实于金陵本《本草纲目》的基础上，通过对影印本的校注、勘误、标点等，尽力再现《本草纲目》原貌。

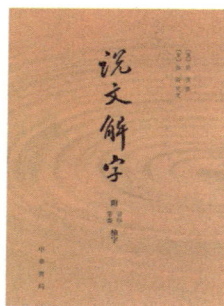

《说文解字》

　　许慎著，徐铉校定 中华书局

　　《说文解字》开创了部首检字的先河，段玉裁称这部书"此前古未有之书，许君之所独创"。

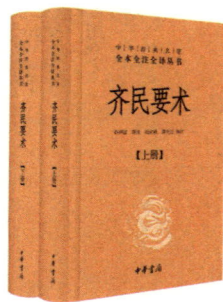

《齐民要术》

　　贾思勰著，石声汉译注，石定枎、谭光万补注 中华书局

　　该书是我国现存最早最完整的古代农学名著，记载了6世纪以前我国劳动人民从实践中积累下来的农业科学技术知识。

《蜜蜂》

　　（波兰）彼得·索哈/图，（波兰）沃依切赫·格拉伊科夫斯基/文，乌兰、李佳译 浙江教育出版社

　　本书内容全面、图片丰富，是一本关于蜜蜂王国的手绘图文百科图书。

《听，蜜蜂在说话！》

　　（英）艾利森·福尔门托著，徐岱楠译 敦煌文艺出版社

　　蜜蜂们每天都忙碌，它们数量庞大，却能分工合作，一点也不混乱。它们是如何做到的？请你静下心来听蜜蜂说话。

《蜜蜂玛雅历险记》

　　（德）瓦尔德马尔·邦泽尔斯著，（日）熊田千佳慕改编/绘，黄帆译 贵州人民出版社

　　本书作者以精确科学的态度观察小生物的世界，既不是冷眼旁观，也不用甜蜜的童话情意来处理，而是带着自然的情感去接触自然的世界。

《关于蜜蜂的一切》

（法）杰克·吉夏尔著，（法）卡罗勒·克塞纳尔绘，李云译 少年儿童出版社

这是一本用法式美绘烹制的科学大餐，一本关于蜜蜂，能让人捧腹、能让人惊叹，纵横科学人文的治愈系绘本。

《人间词话》

王国维著，徐调孚校注 中华书局

《人间词话》是王国维所著的一部文学批评著作。该书以崭新的眼光对中国旧文学所作的评论，具有划时代的意义，向来极受学术界重视。

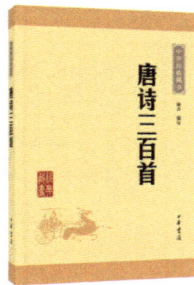

《唐诗三百首》

顾青编注 中华书局

唐诗题材宽泛，众体兼备，格调高雅，是中国诗歌发展史上的奇迹，对中国文学的影响极为深远。

《中华蜜蜂饲养新法》

罗文华，姬聪慧，任勤主编 中国科学技术出版社

本书主要介绍了中蜂生物学、中蜂饲养管理技术、中蜂人工快速育王技术、中蜂病虫害防治技术、蜜粉源植物和蜂产品功效及加工技术等内容。

《昆虫记》

（法）法布尔著 济南出版社

该作品是一部概括昆虫的种类、特征、习性的昆虫学巨著，深入浅出地介绍了作者所观察和研究的昆虫的外部形态、生物习性等，表达了作者对生命和自然的热爱和尊重。

《蜜蜂的神奇世界》

（德）于尔根·陶茨著，苏松坤译 科学出版社

一直以来，蜜蜂都被看作是在蜂王领导下的社会性昆虫，但本书却打破这个传统观点，用"超个体"这一概念重新演绎蜂群的生存哲学。

《蜜蜂》

（德）卡尔·冯·弗里希著，王爽译 中国友谊出版公司

在本书中，卡尔·冯·弗里希解释了蜜蜂语言的系统起源，论证了它们的色感比之前认为的强，使用电生理实验和电子显微镜观察等手段，为研究蜜蜂如何分析偏振光为自己定向和蜜蜂触须嗅觉器官功能提供更多信息。

《草间偷活——齐白石笔下的草虫世界》

北京画院编 广西美术出版社

该书是国内外首次以专题展的形式，系统、全面地展示齐白石的草虫画艺术，其中的绝大多数作品是首次进入观众视野的。

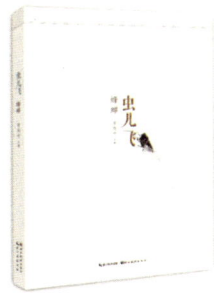

《虫儿飞 蜂蝉》

贺隐竹编 湖北美术出版社

此书精选齐白石等名家草虫画，配以庄子、陶渊明、李白、王维、苏轼等名家古典诗词名句，为读者呈现一个自在、欢欣、无拘无束的田园世界。

图书在版编目（CIP）数据

　　蜜蜂 / 钱锋主编；杨根法，毛园丽本册主编 . —济南 ：
济南出版社 ，2019.8
　　（万物启蒙）
　　ISBN 978-7-5488-3890-6

　　Ⅰ . ①蜜… Ⅱ . ①钱… ②杨… ③毛… Ⅲ . ①蜜蜂－
青少年读物 Ⅳ . ① Q969.557.7-49

中国版本图书馆 CIP 数据核字（2019）第 171246 号

出 版 人／崔　刚

责任编辑／韩宝娟　李冰颖

特约审稿／林良徵

插　　图／黄嵓沛

装帧设计／焦萍萍

出版发行／济南出版社

地　　址／济南市二环南路 1 号

网　　址／www.jnpub.com

印　　刷／济南鲁艺彩印有限公司

版　　次／2019 年 9 月第 1 版

印　　次／2019 年 9 月第 1 次印刷

成品尺寸／210 mm× 270 mm　1/16

印　　数／1—8 000 册

印　　张／5

字　　数／85 千

审 图 号／GS（2019）3746 号

定　　价／36.00 元